人生最好的境界，是丰富的安静

静音

应对复杂世界的简单方法

[法] 坎吉育 · 塔尼耶 著
聂云梅 译

中信出版集团 | 北京

图书在版编目（CIP）数据

静音：应对复杂世界的简单方法 /（法）坎吉育·塔尼耶著；聂云梅译. -- 北京：中信出版社，2019.8
ISBN 978-7-5086-9991-2

Ⅰ. ①静… Ⅱ. ①坎… ②聂… Ⅲ. ①人生哲学—通俗读物 Ⅳ. ①B821-49

中国版本图书馆CIP数据核字（2019）第018834号

静音：应对复杂世界的简单方法

著　　者：[法]坎吉育·塔尼耶
译　　者：聂云梅
出版发行：中信出版集团股份有限公司
（北京市朝阳区惠新东街甲4号富盛大厦2座　邮编 100029）
承 印 者：北京联兴盛业印刷股份有限公司

开　　本：787mm×1092mm　1/32　　印　　张：6.75　　字　　数：100千字
版　　次：2019年8月第1版　　印　　次：2019年8月第1次印刷
京权图字：01-2018-5957　　广告经营许可证：京朝工商广字第8087号
书　　号：ISBN 978-7-5086-9991-2
定　　价：48.00元

汝等比丘，较之群众，宁择独处；较之愦闹，宁择闲居；较之喧嚣，宁择寂静。

——佛祖临终之言

各界推荐

静音以后可以听到更清楚的自己，更宽广的世界。

——正安康健创始人、《生命 · 觉者》纪录片出品人　梁冬

世界太喧嚣，我们更需要保持自己。《静音》这本书给出了非常棒的建议。

——《新京报 · 书评周刊》主编　马培杰

“静音在里面，不在外边”，本书为这句话立下详细且实用的“注脚”：以生活化的小练习和小游戏投入静音生活，转化情绪，处理缺失感，回归内在静默。

——心性疗愈师、声疗师、作家　素黑

静音是最美的声音，静默是最好的修行。关掉手机，远离周遭的嘈杂，于无声之处，回归生命本真的富足，得享从容的智慧。

——《花见花离：与草木同喜》作者、一茶书房创始人　苏西

定静生慧。这个声音拥塞的时代，越来越需要我们学习静修，从神圣的静默中，得见生命的真相。

——十分心理 · 幸福研习社创始人　王珲

目录

第一部分　何谓静音？

第一章　静音之效

第二章　伟大的沉默者

第二部分　以万物为静音之身

第三章　视觉静音

第四章　言语静音

第七章 行为静音

知之更多

作者序

致中国读者

在如我这样的欧洲人眼里，拥有十几亿人口的中国，既遥远又神秘。如果用邮件和你们沟通的话，我们仅隔点击鼠标的瞬间！坐飞机也就十来个小时。但是中国泱泱广大，拥有众多人口和迥然于西方的文化艺术，再加上西方媒体的报道时有夸张色彩，这些都加深了我们与中国的距离感。

所以，当我得知我的第一本书即将被译成中文时，我欣喜若狂，甚而觉得不可思议。后来，随着时空推移和因缘际会，我和中方人员取得联系，沟通交流。我发现，我们虽有很大差异，但其实也有很多交汇点和共同点，可以分享彼此的精神领悟。这个过程，就像是在一出舞台剧上，我们小步向前，慢慢靠近。结果如何，且让我们拭目以待！

静音和中国的先知

我在此书中探讨的是静音生活、内在静默，以及如何做到这些的不同方法。实际上，静音生活源自禅宗，而禅宗来自中国。在我修行的寺庙里，每日清晨我们都会吟诵自佛陀以来各位大师的尊名。大师名单从印度佛教领袖们的名字开始，到后来带着愤怒面容的菩提达摩，再到中国佛教大师们。他们中很大部分人留有各种著作（如诗歌和教义），有的还创建了寺院。

尽管在时空上这些大师离我们很遥远，但我们仍能强烈感知到他们的精神存在与对众生的守护。

他们是我们每天黎明晨醒时开始一天生活的动力和承诺，也是修行的典范。我们的祖先的生活何其艰苦：他们常常食不果腹、衣不蔽体，却坚定不移地修行、冥想，在精神上孜孜以求。正因如此，我，世界尽头的小小法国人，才可以开启每日修行。达摩密切关注着我们的一举一动，他能够提醒我们中那个最漫不经心的人！

中国祖父

以上这些还不是全部！我居住多年的禅宗寺院是由一位法国佛教大师创立的，而其祖父竟是……中国人！这位让我受益匪浅的大师叫奥利维尔赖艮旺仁。他的脸庞具有些许亚洲人的特点：眼睛四周的鱼尾纹，浓密的眉毛营造出一片介于空和满、虚和实之间的风景，全然是幅水墨画。旺仁大师练习中国书法，还经常讲解佛学大师们——比如石头希迁（唐代禅宗高僧）或宏智正觉（宋代禅宗高僧）——的杰作。

我们共同的数字命运

最后我要说的是：我们现代生活里的数字入侵。毫无疑问，这关乎我们每一个人。无论是中国人还是欧洲人，我们几乎在同一时间收到了这个闪闪发光、欲罢不能的礼物：智能手机！这是一种极其强大的技术工具，它简化了我们的生活（比如我们可以在谷歌地图里定位），但也在须臾之间将我们拽出了真实世界。社交网络、短信、形形色色的应用软件把我们的生活变成了巨大的游乐场，无人幸免。

从人类进步的角度而言，这是个艰巨的挑战，因为这些工具将我们从早到晚地定格在了虚拟世界中。然而，一个人的内在静默、自我认识和个人进步，不可避免地要与真实世界联系在一起，与生活中那些理想和现实之间的冲突联系在一起。

“鹤立雪上,愚者见鹤,智者见雪,禅者见白。”进化的人类必须学会这件事——稳定地在这个千变万化的世界中生存。这正是此书中所提及的各种练习的目的。如何在科技飞速改变世界的时代，重拾内心的静默与安详？如何接受现代化的事物却又不会沦为它们的阶下囚？如何更好地自我认知，以便无论在什么情况下都能实现真正的自由？这些具有普遍性的主题贯穿着本书。我希望你们能从中获取力量与答案，我的中国读者朋友们，衷心为你们祈福。

引言

一本不同寻常的书籍

谈及个人发展的书籍，很多是些心灵鸡汤，旨在短时间内就能给人们带来安详和宁静。其实，即便是在安抚人心方面极具天赋的佛祖本人，也是历经数年学习才做到这一步。

于我而言，这些书籍更像是一堆“唾手可得”的使用说明书，它们提供的信息非常有限。我更钟情的是从真实生活中汲取的趣闻和信手拈来的实践经验。我在阅读这类书籍的时候，常常会有抑制不住的冲动，总想对将每一种“妙方”都奉若魔法的狂热追随者棒喝一声：“请你们证实一下这些理论！”因为他们的人生经历几乎无法验证这些空想出来的智慧。

所以，为了不让最具怀疑精神的你心生疑虑，我在这本书中写了许多实例和各类小故事，以及一些亲身见闻。当然，这里面也包括一些失败的故事，甚至最不成功的例子！

此外，书中充满了我对美丽的大自然和万物生灵情不自禁的惊叹。如果你比较理性，我相信，你在读到这些章节时，如果无法认同，会活泼欢快得像岩羚羊一样轻盈跃过，我不会强求你继续阅读下去，也不会去打听你不阅读的原因，因为人是要面子的！

你在浏览此书的时候，可以依次阅读，也可以随意翻阅——无论怎样，你都会发现大量的实践练习。你可得当心！书中的每一章节都想要改变你的生活！此事千真万确，实为本书初衷。

写一本书，需要长篇累牍地深究此实践、彼实践的益处，还要冒险披露我个人生活的诸多方面，这其中当然有我的"处心积虑"。也因此，你打开这本书有风险：书中潜藏着想要深刻改变你的力量。据说，多数人面对无法预见的新事物时，都会倾向于选择一种也许不合适但熟悉的处理方式。那么，你呢？

当你认真又谨慎地思考这个问题的时候，我给你介绍一下书中提到的实践练习吧。这些练习你在日常生活中就能轻松进行，并不需要在黎明之前早起或是从既定的生活日程表中抽出几小时。它们不过是让你在日常中有几分觉察的小练习而已，如同菜肴里添加的味道细腻的香料。你将会看到：这些小练习经过时间的沉淀，会让你的生活散发出令人难以置信的芳香。

当然，偶尔用更宽裕的时间从容行事，独享空旷无人的海滩，对我们的身心修行更有裨益。对于那些能自由支配时间的“幸运儿”（他们是这个超级忙碌的社会里的少数派，多幸运！），我会推荐他们在寺庙里禅修一段时间，或者采用居家一日或数日的静音疗愈。

我希望翻看本书的每一个人，都能在阅读的过程中寻觅到适合自己的某些建议或练习。它们就像装在我们口袋里的金块，正悄悄地让我们的内心丰盈而富足起来。

作者自解始于何处

这本讲述静音的书有数万字之多。这有些矛盾，不是吗？这些描写无法言喻的感受的书页，效果也许还比不上伦勃朗的一幅油画或萨蒂的一篇乐章。如果想邀请静音出席生活的盛宴，那么，最简单的方式是全神贯注数秒钟，用心聆听掠过天际的鸟儿发出的鸣响……或其他突如其来的、令人惊奇的事物。

就像画画或者熟练地演奏钢琴时一样，我有着法国橄榄球队传球前锋的细腻谨慎，也有着足球教练的沉稳淡定，我尽量发挥、运用自身的一切来写作这本书。是的，我敲击键盘如同在弹奏钢琴上的黑白琴键，一堆手舞足蹈的词语魔法般地跃然纸上，它们兴高采烈地从左到右、从高到低，又从前到后地跳跃着，在字里行间找到自己的位置；一些想法、句子和小故事纷纷涌现，一点一点地绘出了这本书的轮廓。坦白地说，看着眼前这一切，我自己都很惊讶。惊讶的同时我问了自己一个问题：所有这些词语是从哪儿蹦出来的？这种会用语言表达、文字书写和闲聊的意识是个什么东西？时至今日，我仍然无法解答这个疑问。不过，既然你已将此书握在手中，我衷心希望你能原谅这位絮絮叨叨的作者。

我的标签

当有人问我“平常”都做些什么的时候，我总想说：“嗯，会做很多事情。走路、吃饭、睡觉、仰望天空、呼吸、抚摩猫咪、冥想、唱歌……你呢？”

可是这些并不是他们所期待的答案。每个人都必须赋予自己一个角色，就像在额头上贴一个标签，这样别人才能愉快地将我们整理进抽屉。如果一个人没有标签，可能会使其他人顾虑重重！因此，我也为自己设置了几个标签，以便根据不同的环境，灵活地选择和使用它们。

我用得最多的标签是“禅宗修行者”，这也许是人们对我印象最深的一个标签了。久而久之，它从我身上的一幅简笔画变成了一个去之不掉的文身图案。我皈依佛门超过15年了。然而，用“禅宗修行者”这个词作为自己的标签实在是一个错误。尽管它几乎涵盖了我所有的修行生活，但仍忽略了不少其他东西。在我所信奉的禅宗教义里，我们可以结姻缘（我有一位魅力四射的伴侣），可以生育孩子（这一点我没有想过）。我们的同道人中，不少人除了佛教事业还从事其他职业。

于是，“修行者”这个词略显陈旧和过时。你还会发现，我的一部分活动是借助网络来完成的。除了推广我的博客以外，我还是寺庙和其他佛教协会社交平台的负责人。总而言之，我是一个2.0版的修行者！

我还参与了许多其他活动，它们让我的生活更充盈，比如迎接新人、引导冥想、四处演讲、接待访客、为杂志撰稿、与同行交流，等等。每一天我的生活都繁忙而充实，并且妙趣横生！

有时我的额头上贴着“疗愈师”的标签。我做催眠疗愈师有几年了。催眠疗法是一种通过言语或行为暗示，使疗愈对象处于类睡眠的状态，用暗示和精神分析来改变疗愈对象意识状态的疗法，其最终目的是引起人自身的改变。催眠疗法的应用领域甚为广泛：改善抑郁、考前心理咨询、建立自信、治疗恐惧症……我很喜欢这个职业，因为在认知他人的过程中，我找到了很多教授佛教课程的素材。

在我的禅宗体系里，修行课程还很新颖，目前还没有机构为其承担费用，为了维持下去我们每个星期都会兼职其他工作。我觉得这样也好！跟同时代其他人一起为生活奔波，找工作挣钱，这无疑让我们可以更好地和人们交流、做讲座和授课。

此外，我还是一名指导唱歌和演讲的老师。事实上，教师是我的第一份职业，始于1998年。在本书中我将重拾这个话题。

最后，我还有一个标签——饲马员。自两年前开始，我自愿参与了饲马员活动。它和之前的那些标签风马牛不相及！置身于半自由生活状态下的马群中，发现和了解它们的真实状况，这其中的巨大乐趣我无法抗拒，并想要跟你分享。作为一个城里人，此前我对马群世界的认知仅仅局限于《小马宝莉》系列玩具，以及法国赛马中的画面……而现在，我经常开着拖拉机给牧场送干草，或者把手指头伸进马嘴里检查它们的牙齿。我给它们刷牙，给它们调配“易消化”的混合饲料以帮助它们度过寒冬。我抚摩它们，给它们挠痒痒，时不时地轻戳它们，跟它们分开后我甚至会想念它们。我尤其喜欢几小时几小时地待在它们身边，潜心研究——静音！

而现在，我成了一名平庸的作家。但愿维克多·雨果会原谅我的莽撞！我们且翻过这一页吧……

撰稿委员会

诸多的人和物参与了本书的撰写工作。

比如我的猫咪公主——拉拉（Lala），它经常待在电脑旁边，慵懒地伸展四肢，提醒我该休息了。没有它的善意提醒，我的脊柱早断成碎片了……当它步态优雅、从左到右走过我的书桌时，我的双目就做了“瑜伽”练习，瞳孔得到休息。

我在附近茶室里遇到的那位93岁的小老太太，她曾用地道的阿尔萨斯口音对我高声说道：“每晚睡觉前我都会用放大镜看你的文章。我很喜欢你的文字……是的……我很确定：它们让我感觉舒服。”每当我文思枯竭的时候，她的话语总给予我前进的动力。

在某个令人沮丧的日子里，一缕冬日暖阳穿过玻璃，洒满我的书桌，仿若在对我说：“嗨！加油！鼓起干劲！”

苏菲·R.，我的第一位读者，我们之间早已心照不宣，我时常想起她。

我也要感谢我的朋友们、微风、小鸟、咖啡、马儿和社交网络，尤其要感谢我自5岁起就阅读过的成堆书籍，当时我慈祥的奶奶把我放在她柔软的腿上，教我读书。如果没有这些书籍，没有这些淹没在我小小脑海深处的词汇，没有这些从我记忆深处重现的、整齐排列在书页中的各种表达，本书极有可能空无一字、寂静无声。

还有生活在寺庙里的那些人，他们的耐心和循循善诱使我文思泉涌，从森林到食堂、从马场到修行法场，笔不停挥。有一阵子，我忙得没有时间去做每日的修行，却可以遥望他们集体修行，内心充满感激。

最后，还有你，陪伴了我这么多年的你。关于你我虽只字未提，默然无语，但我相信我们心有灵犀，此书就为你而写。

写作之地

无论身处城市还是乡下，我都随身携带着手提电脑，出入于各种场所，最终完成此作。

比如我住了15年有余的维特斯韦勒的禅寺，此奇迹之地位于阿尔萨斯，深藏于森林茂密的沃日山北边。我常常在冬日返回此处，那逼仄的宿营地冷得如同冰窖。去年冬季尤其如此：气温常常降至-10℃，管道结冰，刺骨寒风穿过木墙，我只能弃之而逃至温暖的寺院里，看雾凇来袭。在如此恶劣的环境里，时间却别有一番韵味。我们因网络了解时事，与世界建立联系，且寺院自有一种平和的能量，让我们放慢脚步。每日早晚的两次冥想，感觉就像一团充满正能量的、波动的云在寺院里涌动，与被宽袖长外套的僧服包裹着的我们同频共振。最终，人的思绪得到放松，变得祥和宁静。提到网络，为了避免读者对这个主题有所疑虑，我先声明：在寺庙里进行短期避静的人是需要关掉智能手机的，做到真正的数码产品的避静。在接下来的书页里，你会弄清个中缘由。

我每周都去斯特拉斯堡一次，只为在这座城市的小咖啡馆里写作，如米歇尔快餐店（1968年这家店掩护过著名的“五月风暴”运动的大学生，因此声名显赫），大西洋酒吧（一家将河流全景一览无余的驳船酒吧），以及地处市中心的修行之地——禅宗佛教交流中心。

然而，凡尘俗事从不简单。有些关于“乡间”的段落是在城里书写，反之亦然……

如何使用本书

下面章节提及的大部分主题和练习都取自生活中的真实事例。这样做基于一个简单的原则：假如有人成功试验过某件事情，那么关乎此事的大门也就此敞开，其他人便可长驱直入了。

我在学习催眠疗愈的时候，广泛地研习、探索了神经语言规划学。我觉得这是对大脑教育学的一种称呼，人们用具有原始特色的名称来命名这种与大脑有关的教学法。我因此得知，在医学特性之外，人类脑颅这个“盒子”是如何运行的，尤其了解到它该如何正确地引导人们达到预期目标。这真是一种行之有效的方法！

神经语言规划学的原则之一就是模式化。为了使人们达到目标，在某个领域取得进步，并在生活中有所改变，神经语言规划学的创始者们只是建议我们看看那些成功者的经验……然后模仿他们！他们将这种实践方法称为“建立模式”，以便将其传授给人们。然而，法国社会是一个鼓励和欢迎革命性思想和独创精神的社会，制造模范、模仿他人的想法并不总受人待见，因为那看起来不够强大，像是弱者所为。诚然，我们“没有上帝，没有主人”，那我们究竟景仰什么呢？

学习了催眠疗愈之后，我开始研究建立一套一般适用的模式。只要有人做了有意思的事情，或是表现出了某种特殊才能，我就会仔细研究他的运行模式，从中提取精髓（面对我没完没了的问题，有些受访者会被我弄得头昏脑涨。比如修行者米歇尔，她面对另一位修行者的冒犯提问保持了绝对的冷静）。

我邀请她一起喝下午茶，然后不断地追问她：“你是怎么做到不动怒的？”“你有没有觉察到自己的情绪？”“在她挑衅你的时候，你对自己和这名女子说了什么？”“你是怎么做到不再想这个问题的？”……如此种种。面对这些出乎意料的问题的猛攻，她仍淡定从容，一如惯常。之后我从模仿她的行为方式中获益良多。

这就是我要通过此书建议你做的事情。当你感觉到某个典范人物给你灵感时，请你效仿他！建立模式，做同样的事情，并且深入研究，开启你个人的探险之旅！你会因此而发现新的源泉、新的看待世界的方式，并因此而受益。最重要的是，在此之后，就轮到你和大家分享你所知道的一切了！

PARTIE 1

Qu'est-ce que le silence?

第一部分

何谓静音？

静音，是一种适用于现代所有人的方法。它不需要我们离群索居，也不需要我们腾出很多时间。无论何时，无论何地，每个人都可以找到适合自己的静音之道。

试定义

今天早上，我拼命回想生命赐予过我的最为安静的地方。毫无疑问，它应该是我几年前去过的撒哈拉沙漠。我和朋友们一起于黎明之前早起，只为一睹日出的风采。撒哈拉沙漠很宁静，红色的沙丘一望无垠。长久以来，隐修人士和追求绝对真理的人大都隐居在沙漠里。

那天早上，我明白了这其中的原因。我孑然静坐于沙上，心无旁骛。天地万物近在咫尺，无所变化，过去、未来皆为虚妄。置身其中的我们无须为证明自己而烦恼，无须执着于虚幻的成功，无须奋力追赶和抓住机缘。在此地，你只需尽情呼吸，体味此刻的平静。

那之后呢？之后有其他人来了，他们高声惊呼："哇，太美了！我们要自拍！”刚才的魔力瞬间销声匿迹。社交网站照片墙（Instagram）展示了人们叹为观止的面部表情，沙漠在人们各种愚蠢的举动前轻轻叹息。而我，只是小心翼翼地取了几粒沙。它们在我的口袋里发出窸窸窣窣的声响，仿佛在安慰我说不要紧，此处的无尽是永恒的，它会一直在这里等待那些想要见到它的人。

静音与无声毫无关联

每一个人都在某一天体验过静音这一感觉：行至森林转角，突然停下脚步时；置身于人群中时；深夜时分搭乘公交车回家时；远远地倾听朋友聊天，但其实并未真正听他们交谈的内容时……静音时时潜伏在你的身边。在各种话语、惯常的场景、熟悉的感受之间，存在着一个与它们平行的世界，一个绝对安静的、有益身心的世界，一个由高度集中的注意力和意识守护着大门的世界。

因此，请大家明白，静音和无声是完完全全互不相关的两种东西！

如果这两者是一回事，那一切就太简单了。如果体验静音和内心的平静，是只需要每天花两小时将自己装进一个带有传感器的隔离箱里就可以了，那静音早就广为人知了！20世纪70年代，这种做法曾风靡一时，如今又以“羊水浮动”的模式突然出现在大城市里。不过，有幽闭恐惧症的人不建议体验，囊中羞涩的人也消费不起这种模式。我们在接下来的书页里会诚恳地向你推荐更有趣且完全免费的体验。

先让我们一起关注一下人类的耳朵吧。据科学家研究，理论上人耳的听觉频率范围是20赫兹—20000赫兹。那么，这是否意味着其他频率的声响不存在呢？我和猫、马共度了很多时光，它们的听觉异常灵敏，我常常惊讶地发现它们竖起耳朵听声，我却什么都没有听到。这时，我总是信任它们的耳朵，坚信它们之后所转向的方向一定有情况发生：果然，稍后常常就有人或者一只狗路过。它们有着最为丰富的声音世界，它们追求的静音当然也与我们所寻觅的大相径庭。与这些声音专家频繁接触后，我也疯狂而好奇地朝任意一个方向伸长了自己的耳朵。聆听将我与当下联结在一起。最终，我与静音融为一体。

回到喧嚣的城市后，我却常常不得不做与之相反的事情。在数小时的听觉训练后，真的很难再回到高峰时段嘈杂沸腾的人海里。此时，我的大脑好像被施了魔法，运用了一种极其简单且高效的方法——遗忘声音。置身于城市的大脑忘记了聆听，它漠然地让声音穿透身体。这种方法很实用，大多数人为了躲避周遭的噪声而采取了这种方法。幸运的是，除非是在极度疲倦的情况下，一般我们听到的声音都是过滤后的。大多数情形下，我们庆幸自己有这种自动脱敏的机能，这是我们了不起的适应力。

对了，告诉你一个好消息：城市中其实也处处充盈着静默与从容！这一点我们在后面的章节里会谈到。

内在静默对抗外在安静

静默深处，一个小小的声音在我耳旁响起："见鬼！和他们聊聊内在静默吧……"尽管这个命令言辞粗暴得让我有些手足无措，但我不得不说，这个命令是中肯的。所以让我们来说说内在静默吧。这是关键。它的原则很简单：改变周围的环境很难，只有取决于我们自己和我们言行的改变才是可持续的。

你一定听说过奥勒留这句名言："请赐予我力量，让我接受那些不可改变之物；请赐予我勇气，让我改变那些可以改变之物；也请赐予我智慧，让我有能力辨别两者。"那么，根据这个原则，即使我们不能让邻居在凌晨两点闭嘴，或者让那几个正在玩闹兴头上的孩子安静（或者说“他们正在发展创造力”，现代教育学家如是说，这多少有些受虐狂的语气），我们也可以改变自身看待事物的方式，或者做出改变的行动，比如搬家。

智慧之路藏匿于培养内在静默的过程中。培养内在静默，能让我们在面对紧张局面，身处喧嚣世界，或面临情绪骤变之际，保持淡定从容。

何谓内在静默？

内在静默的概念需要解释说明，此概念将会在后面的章节里通过研究日常生活中的不同场景继续探讨。不过，此处已有一些线索可以提供给大家。

我们再来说说如何应对吵闹的邻居这个话题。传统的做法是创建一个幸福博客，在楼道入口处用透明胶带贴一张有博客地址（例如chervoisins.tumblr.com）的小告示，然后欢快地发布邻里间交流的善意言语。

如果遇到言行粗鲁的邻居，就要训练自己的内在静默，于再次学习的过程中重拾平静，比如：

- 任凭亲爱的邻居蓄意毁坏你生活的画面在脑海经过。
- 任凭内心的某个小小声音经过，尽管它在对你说：“我要让他看看：我不是病猫！”
- 直面突然而至的愤怒、屈辱或无力感，坦然接受它们，并让它们自己平静下来。

这些新方法一旦被应用，一种不同于先前的内在节奏就会随之而至，这是一种平静感，一种让生活更惬意的平静感。

训练内在静默实则是训练我们的各项感官：眼睛、耳朵（由话语传达）以及身体等。对于每种感官，我都会给大家提供确切的例子，尽可能地引导各位，并提供一些可以立即试验的小秘诀。

静音生活的益处

静音生活益处多多。请允许我在此处多花点笔墨，因为有些方面关乎我们的幸福生活状态，有些方面涉及我们的社交生活，有些甚至与世界和平息息相关！

后退一步，重聚焦点于自身

保持静音能使人进入另一种节奏里，面对动荡局面时，我们会更加从容、克制。2015年巴黎《查理周刊》遭遇恐怖袭击，就事件本身而言，媒体长篇累牍的报道或许是引起公众不适感的始作俑者。我们在任意一个电视频道上都第一时间收看了逮捕恐怖主义者的报道，荧幕上有脸书（Facebook）

的截图，并标出“我是查理”的字幕，而评论连最琐碎的细节都没有放过。几周之后，作为催眠疗愈师的我收到了很多患者的请求，原因是他们因电视报道而失眠了。

他们每个人都在大众传媒工具前整日待着，只为不错过任何蛛丝马迹。他们“吞食”了社交网络上循环播放的新闻画面，这些画面深深植根于他们的脑海中，最终演变成一片巨大阴森的乌云，干扰他们的生活。

倘若那时他们对媒体启动静音模式，情况或许大有改观：聆听新闻但不全盘吸收，远离社交网络几天，回避会引起焦虑的长谈，等等。这些静音行动会让你的精神健康得以幸存，我建议你在面对谋杀新闻时也如此行事。请远离高压和隐形焦虑，更不要因此而衍生出危机感，对已扩散开来的否定世界的言论要置若罔闻，如此，负面情绪便会少很多。

启用静音模式，从动荡局面中逃离，可以让我们后退一步，避免盲目听从媒体或其他自称专家的人士大肆分析，要知道，他们所声称的客观中立常常令人存疑。

同样的规则也可应用到我们的工作、家庭或其他可能发生冲突的地方。保持静音，比如，别着急回复一封让人不愉快的邮件，先等待片刻，或者任凭黑夜消逝，深呼吸。有很多事情可做，它们能让鲜花遍布荆棘之地！

影响大众，让世界更和平

的的确确！即使这是野心，但也无比荣耀，不是吗？

人类善于模仿。在平和之人身边待几分钟，你可能就会感觉到自己的内在节奏也改变了。状态是会“传染”的，保持静音是影响大众和社会最重要的方式。在此，我们要发自肺腑地感谢那些人，他们每日身处噪声，却放弃提高自己的声量。他们不发表意见，他们让别人说话，他们选择和狗狗一起散步，而不是和朋友们开怀畅饮。还有，他们在钻进汽车的时候就会关掉车载收音机。

毫无疑问，他们是21世纪当之无愧的智者！

我最近应邀参加了一个有鸡尾酒会的演讲会。我和其他所有人一样，从这群人走到那群人，交流片言只语，得知一些新闻，也认识一些人士。那天晚上我带着愉悦的心情邂逅了很多人。然而，对话有时就像两个人面对面的独白，而非真正的交流。

在演讲会上，某位主讲人提议我们做个小游戏：转向我们身旁的人，目光相对30秒。用30秒的时间去面对一个陌生人，何其漫长！然而，与任何一次对话相比，在这样的静默里，我却收获了更多东西。四目相对，开始时有些尴尬，我和对方都毫无设防地陷入了未知体验中。事发突然，一切被神圣的寂静所笼罩，万般安静的大厅里偶尔爆发出一点儿笑声。

于是问题也来了：静音时，我如何与身旁之人共处？如何不出声却仍不失为一个社会人？如何让我的身体既从容又有存在感？

在逐条解答这些问题的时候，我们或许会发现一种全新的生存方式，因而创造出一个更美好的世界。

“须臾”静音

没有比亲身体验静音更好的事情了。我不知道此刻阅读此书的你身居何处：火车上？（在火车上阅读是多么惬意啊！）床上？树下？法国？美国？中国？泰国……请你放下此书片刻，抬头看看风景，重新感受身体，感知自己的呼吸。就这样原地不动，无所事事，甚至无须一分钟，几十秒就好。较之我们为家事国事的担忧伤心时间，这些静音瞬间更让人清醒。

静音结束。60秒过去了，时间似乎慢下来了，你留意到了吗？你感受到另一个不一样的空间打开了吗？你看见世界的轮廓变得越发清晰了吗？……

我们的须臾静音如有魔力，似乎让时间静止了！当身体保持不动的时候，你会更容易察觉到。那么，就请原地不动尝试须臾静音吧——你只需要关注那些变化着以及出现的事物即可。

秘诀

你不妨想象下面的画面，以便身临其境体验静音实感：你在高速路上全速飞驰。风景迎面跃入眼帘，一切都很熟悉，让人放心。偶尔会出现几个转弯，但大部分时候都是笔直的路线。高速公路让人有安全感，然而乏味感也潜藏其中，好像没有什么特别的风景让人眼前一亮。高速地带其实隐患重重，车里沉闷难熬。但倘若你取道第一个出口驶出高速路呢？之后，倘若你在不熟悉的路上闲逛几公里呢？倘若你冒着风险从泥泞小道上疾驰而过呢？

须臾静音，就像我们选择少走一点儿高速路，给自己一段随机、随缘的旅程，让我们短暂脱离安排紧凑的日子，仿若潺潺小溪自山丘上缓缓流下……你知道这样做的结果是什么！

克服困难

现在我们来谈谈严肃的事情。无须多言，沉默是金，所有智者和哲学家皆可证明。既然了然于心，那还有什么可以阻止我们去实践它呢？还有什么能反对我们向世人给予缄默这种崇高的馈赠呢？

我们深谙此理："我们有权保持沉默，我们所说的一切都有可能被记住并被用来反驳我们自己。"那为什么不享受沉默带来的一切呢？我们得承认：在通往崇高的静音之路上，障碍重重。我列举其中的困难，目的并非让你气馁，反而是想通过这种方式让你在克服困难前，尽量了解静音的敌人到底是何方神圣。

我们稍微跑题一下，你知道某些地方的印第安语中既没有“敌人”也没有“对手”这些词汇吗？在现在这个意识形态冲突不断的时代，这是很有意思的。假如不是敌人而是“另一种思想体系”站在我面前；假如对方不是对手，而只是个价值观不同的朋友，那么我们之间无所争，也没有人需要用攻击来获得支持。

也许，保持静音仍旧是最好方法……

缺失感

你了解缺失感吗？

静音常常让人惶惶不安，这是事实。当今社会，我们被各种声音、影像以及危言耸听的事件狂轰滥炸，这其中有个人情感的追求，有大众兴之所至却又一闪而过的时尚，有从一个话题跳跃至另一个话题的实时社会热点……天哪！这真让人喘不过气来。

然而，想要静音，人们就需要走出惯常的生活，去面对人类生活中的最大挑战：缺失感。佛祖早在几千年前就将其认定为人类痛苦之源。缺失感或不满足感在各种场合生根发芽。当然，这并不意味着世间万物本原就是消极或痛苦的，只是各种原本欢乐的场景却成了缺失感或不满足感的潜在源泉。

有点儿不好理解对不对？让我们换种说法：我们所有的不幸福来自和朋友一起静坐享受夏天的夜晚时，没办法不拍照片发推特（Twitter）……你本无须照相或发布消息，虽然你有充分的理由——“为了分享”。

倘若我们再将场景放慢：现在是周末晚上8点半，时光正好，你和伙伴们正坐在露天咖啡座上，气氛活跃，一切安排都恰到好处。那么，你突如其来的惆怅感是从何而来的呢？情绪重启或几分钟之后涌现的“骚动”又是从何而来的呢？我们到底在等待什么？需要用什么东西来填充此刻吗？噪声、音乐、酒精、朋友、气氛、平静或有意思的交谈似乎瞬间都不见了，到底发生了什么？

以上这种说法来自布莱兹·帕斯卡（17世纪法国著名科学家、哲学家）的那句原话：“我发现,人类一切的不幸福都源自一个事实,那就是他们无法在自己的房间里安静地待着。”

这句话绝妙地说明了人们的不满足感是痛苦之源，即佛祖提及的缺失感。你一定曾有过这种体验，因而对它心知肚明，那种从心中涌现的空虚、不解，潜藏的惧怕、隐忧，让人猝不及防，沮丧甚至崩溃。

静坐以克服缺失感

那么，接下来会发生什么事情呢？如何做到不产生缺失感呢？

第一种解决方法是随时都可以进行的，那就是动起来！去旅行，去看戏，谈一场热烈奔放的恋爱，生孩子，创业，等等，做事以逃避虚空。

这是娱乐社会的打开方式，它总是把我们带至身外的更远处，似乎所有这一切都要让我们与自己隔离开一样。因为，人类如果停下片刻，如果他安静地停下脚步，那么他定然要面对自己的缺失感……而且他也不清楚自己到底要做什么。

幸而我们还有一条正行之路，那就是冥想之路！面对或带着我们的缺失感静坐，是切实可行的方法（要学会正确地冥想，否则体验将演变成噩梦）。在后面的章节里，我会详细介绍冥想。

发现：缺失感/情绪并不持久

这是解释一切的关键：静坐于虚无中，与虚无相处，实则出于情绪不持久的缘由。万物出现又消失，乃是自然规律，情绪也是如此。只需停止反复思考或停止维持情绪。

不久前，美国斯坦福大学做的一个实验仍可证明这个发现的重要性。科研人员在参与实验的志愿者头上系上传感器，然后为他们展示了不同的画面，以引起其惧怕、恶心或者温柔——毫无疑问，一定是小猫咪的图片！——的情绪。接着，他们统计了这些参与测试的人在多久以后回到“最初”的情绪状态。

结果呢？你认为一种情绪会持续多长时间呢？最多几分钟而已！

然而，其他诸如悲伤、内疚或者缺失感的情绪，却因持续时间长久而令人印象深刻。的确如此。因为人们反复思考、回味它们，如同细细咀嚼烂骨头一样。而只有一种情绪——虚空——它转瞬即逝，难以觉察。倘若我们稳定情绪，接受它暂时的存在，平静就会随之而至。

这便是基本的经验之谈：无所持续，情绪也不会永恒长存。了解这一点后我们便可静坐下来，即使天翻地转，也可将静音驯服。

孑然一身却熠熠生辉

我借用了智利作家巴勃罗·聂鲁达某部作品里的标题，他在几次旅行之后深受触动，尤其深切感受到独处的幸福。这部作品篇幅不多，我们可在某个夏天的午后背靠大树读完。静默和孤独的确是最佳搭档，它们如同两种声音，彼此混淆，却在无尽的共鸣中创造出了第三种声音。

对于一些人来说，独处像圣杯一样难能可贵，甚至是他们的终极梦想！我想到了家庭主妇，她们用橡皮将“独处”从自己的词汇表里擦去了。“独处？为了阅读或听音乐吗？好吧，当我还是学生的时候，我能做到，可眼下……”而对另一些人来说，孤独是一件要不惜任何代价来逃避的事情：他们尤其不想和自己待在一起，害怕陷入抑郁里。这些人忙不迭地安排晚会、约会和历险。他们不论做什么都心甘情愿，却害怕一天结束后回到自己的空房子里去。

也有人会把门砰的一声关上，脱鞋，坐在沙发上叹了口气，但心里满是幸福和解脱感。比如某位女士送孩子们去上学，回家时她心平气和地感觉到了轻盈步伐的快乐，某位画家把自己关在画室里醉心创作……他们虽形只影单，却熠熠生辉。

静默喜欢在孤独中展现自己。孤独让我们聆听到这种想靠近自己的心声。自由的行动、宽敞的空间和充盈的时间让我们邂逅了内心最柔软的部分。我们会谈到孤独，谈到内在自我的回归，它们足以使我们从尘世抽离，跟自己相处。我们在心甘情愿、苦苦追寻的孤独中收获了突飞猛进的进步。

秘诀

有时只需为自己留出“无所事事”的几个小时就够了。这几个小时就像是偷来的时光，让我们学会独处并抵达真实自我的岸边，那里阳光普照，比我们所能想象的更加辽阔。

三R五C规则

我从我的朋友，数字经济国际讲师萨拉-艾丁·本扎库尔那里学会了这条主要规则。它让我开怀大笑！“三R五C”很简单：“重复，重复，重复：很蠢，但就是这样！”

（Répéter，Répéter，Répéter，C'est Con mais C'est Comme Ça！）

当时萨拉-艾丁的工作是帮助我完成一场非常特别的TED（“Technology, Entertainment, Design”的英语缩写，指技术、娱乐、设计，现一般指TED大会）讲座。为了达到预期效果，我们不断地重复、重复、重复。

三R五C就是“重复，重复，重复：很蠢，但就是这样”。人类全部或几乎全部的智慧结晶都涵盖在这句话里了！大脑通过重复的程序来学习。通过被更新了成千上万次的行为或动作，人类的大脑于是能够巩固神经元之间的连接。

因此，我会在本书中多次重复已经提及过的训练，而你的大脑结构也会随之改变。你那崭新的内心之路将慢慢变宽，路上鲜花盛开。然而还不止于此，我们的思维也如“树状”一样运行，也就是说万物皆息息相关。我们改变某个习惯时（比如更经常地仰望天空，用腹部呼吸或者倾听世界的声音），是大脑全盘接收了新动作产生的神经冲动。这就好比手表的机件相互驱动，多米诺骨牌一个接一个倒下一样，只需一个小小的训练就足以产生改变世界的驱动力。

- "重复，重复，重复：很蠢，但就是这样！"
- "重复，重复，重复：很蠢，但就是这样！"
- "重复，重复，重复：很蠢，但就是这样！"

……

随你说下去。

第二章

伟大的沉默者

现在，我们要去探索不同的世界了。世界虽各有不同，但总有相通之处。有意或无意地做一次静音修行，从中观察、学习。为什么不呢！这是完全可行之事。

动物，沉默之王

牧场里的邂逅

那天早上，阿尔萨斯沃日山的乡间天寒地冻。温度计显示气温低至-3℃。我在这里已经生活超过15年。

我像平时一样穿上大衣（非皮草），套上靴子，叫来了两只黑猫，然后去寺院周边的辽阔牧场上走了走。我跨过栅栏，站在高地，开始呼喊两匹马的名字："埃菲斯图……图……图……图尔！卡泽拉……拉……拉……！我的小天使们，快来吧！"我用类似马格里布橡皮艇发出的声音呼喊了5次之后，看见下方两匹冰岛马小跑着现身了。

老实说，它们表现得相当懒散。但它们为什么会朝我奔来呢？嗯，是因为我每天都随身带着两大盒装满大麦和"老年专用”杂粮食物给它们享用。几个月前，它们比现在瘦多了，我于是为它们制订了一个“相扑手增肥”计划，以便它们可以安然无恙地度过冬天。埃菲斯图尔和卡泽拉是马群的首领，更准确地说，是那种身体健康、精力旺盛的首领！

寺庙周遭除了鼹鼠、貂、母鹿、乌鸦、鼩鼱、蜜蜂，以及其他我叫不出名字的动物之外，还有一个饲养了20多匹冰岛马的牧场，其主人是一对魅力四射的夫妇，他们很早以前就投身于畜牧业中了。退休之际，他们将这些忠心耿耿的战马留在了这个小小天堂里，让它们颐养天年。我竭尽全力地帮助它们，并对其中几匹马给予了特别关注，尤其是埃菲斯图尔！

在冰岛语中，“埃菲斯图尔”这个名字意味着“至高无上”“最具权威”。我得说它当之无愧！它全身雪白，马鬃很长，马毛厚实，足以抵御低温。这些冰岛马露天放养，在冬日早晨的寒霜里快乐奔跑。我可以用数小时来给你讲述埃菲斯图尔……可这不是本书的宗旨所在！

事实上，早在一年前，埃菲斯图尔就选择了我。当时，我定期来照顾这些马匹，给它们刷毛，牵它们出去散步，或者只是安静地坐在它们身旁。在一个晴朗的日子里，埃菲斯图尔开始在牧场里跟随我。

在每天傍晚我冥想修行的地方，它闻嗅土壤的味道，灵巧地绕过圆木以保持跟在我身后的距离，然后它在我头顶上伸长脖子。当时正值夏季，我席地而坐，它的头为我遮挡阳光，像一顶小巧可爱的太阳伞，可谓方便之极！然而我的“阳伞马”还是有些淘气，有时会让我不能全神贯注地冥想。一周中，这样的场景每天都会发生。我于是选择了森林里另一个更加幽静的修行地点，但从那时起，我们彼此已无法分开了！

步入全新世界，学会变通观念

这次邂逅让我受益匪浅。首先，我真正地接触了另一种生物——有四个脚掌、大嘴以及沉默的“另一种”生物的世界。埃菲斯图尔王子默许了我的亲近，这让我倍感荣幸，我觉得自己应该努力寻找理解它并能和它交流的方式，研究它的思维运行模式，如此才配得上这份荣耀。

我好像成了20世纪的人类学家和殖民者，小心翼翼地进入另一个世界里，思维异常活跃。我带着小心和好奇去接近它们，只是想学习而非获取，想理解而非强求。能在寺庙旁的牧场里体验这一切，我至今都深感幸运！埃菲斯图尔不说话。它是一匹马。然而，我和它是可以交流的，我们可以通过它的体态进行沟通。它的牧场伙伴们瞬间就能明了它的意思。但在接触之初，它所传达的信息于我而言是混乱不明的。

比如我们第一次相遇的时候，我以为它用头反复摩擦是想得到我的爱抚。我欣然于可以接近它并瞬间就接收到它表达情感的信号——显然，埃菲斯图尔是喜欢我的。这是我的动物—人类学的分析结果。

然而在我得知了真相后，才知道这一切并没有那么浪漫！在和尤特·威兰德（马匹的主人以及马儿行为研究专家）进行了热烈交谈后，我才知道马儿的这种动作其实是要传达它凌驾于另一方并且至高无上的信号：埃菲斯图尔之名绝对当之无愧！因此我不得不学会坚定拒绝它表示权威的信号，哪怕是一个小小的表示我都不予接受。我很想和它建立起信任的关系，我们可以彼此爱抚、相处融洽、温柔以对。“面对它时一定要树立我自己的威信”，这样的想法让我感到毛骨悚然。

直到有一日，我才灵机偶发，如梦初醒：如果我不成为首领，埃菲斯图尔就一定会成为首领。马匹之间无平等关系可言，它们没有民主投票，没有工会，没有公费医疗！在马群的世界里，首领基本解决所有问题，保证马群的安全。因此，我不得不放弃和它建立横向关系的想法（树立自己的威信），同时我要重新考虑自己的权力问题（变成首领就要承担主要责任）。这将是个庞大的计划……以及完全颠覆的相处模式！

在马群中，成为首领与显示强权毫无关联，首领其实是需要效劳于马群的。当然，作为首领的马可以走在马群的最前面，第一个进食并在马群中树立威信，然而它也为此付出了巨大的代价：它要为保护马群而一直保持警惕状态。

我对埃菲斯图尔进行了多次“探底行动”后，成功地树立起了自己的威信，但是作为交换，我需要在任何情况——甚至是在马群牙医现身之际，你知道的，牙医的工具足以让一个训练有素的军人战栗！——下都让它有信任感，并可以放松警惕。当我们之间的关系明朗化的时候，我们一起抬起脑袋，朝前方伸出耳朵，小跑着奔赴森林，还会高兴地喷鼻息。

这次的经历让我学会了两件事情：一是肩负权力，并用它效劳马群——对此，我要用我的大拇指点赞：这是一次很锻炼人的经历。

二是学习对方的长处可以使我们推敲自己的诸多思维模式（尽管它们早已先入为主，固如石刻）。这也能开启对方的思维，因此要敢于互换想法。

直到遇见埃菲斯图尔，我才觉得自己成了深入研究人际关系的专家。我喜欢看动物—人类的相处模式，在几分钟内通过语言或肢体去了解它们的个性。我研究的表格里充满着弗洛伊德心理学、行为意识学和逻辑推理——这里有难以计数的解释及其未被证实过的推断，一些人心照不宣地以为世界及其逻辑是由主观经验论确定的。也许主观经验论能使人安心，但也一定会使人产生错觉。

内省态度：静默、专心

那么如何实践呢？怎样做到不带任何主观倾向地观察一匹马、一个人、一群人？我认为，一切源自一种兼有静默和专心的内省态度。

就这样和埃菲斯图尔待着，我学会了简化事物，学会了就事论事，还学会了全神贯注于一件事情。

你可能好奇我是怎么学会的，我只需说个例子，你就会恍然大悟。上星期，我打开了牧场的栅栏，想和它一起出去。它伸长了脖子，因为一般来说是它自己出去探索世界的。而这一次，埃菲斯图尔却断然拒绝出门。它傲然站立着，显得平静而果断。我原本可以想当然地将其行为理解为腿疼、任性，想要考验我。我原本也可以把它当作权力游戏的又一次较量。然而，我很快就觉察到，我只是应该放弃带它出门，仅此而已。

只需要看看我的马儿的体态，就能知道它“不要出门！”，而我的身体也接收到了“不要出门！”的强烈信号，这个信号好像回声一样一直盘旋在我的耳旁。要具备听到这个信号的本领，需要我们的身体全神贯注于马儿，而不是只限于在脑海中对场景做出的各种解释。某种程度上，全神贯注的态度足以使我们接收到“简单信息”（此处的信息便是它真的不愿意出去）。

当天稍晚的时候，我得知原来是几分钟前一匹种马突然闯入，且步步逼近埃菲斯图尔所负责的母马群，因此它坚决放弃了森林里的舒适散步。当然，我原本也可以再三坚持，强迫它出去，那么它会违心地跟随着我，我也就在较量中赢得一局。可是那天我选择了聆听，聆听静默和身体语言。这一次并非为了争得首领之席。我接收到了埃菲斯图尔静默的信号，并积极地支持它，于是我们之间有了默契。

通过两种态度的训练，有助于掌握局势：

内在静默：此时我们需要你不再关注那些惯常思维，或者对一直影响我们的逻辑推理置若罔闻。就拿埃菲斯图尔的情况来说，我脑海中曾闪现过这样的惯常思维：“不，小家伙！我是首领，你要前进！”在了解了之前提到的动物行为学里的马群规则（成为首领——统治——旨在效劳马群）后，我本应释放这样的信号并且付诸实施。然而，当时的局面和马儿的态度却表明，马群规则在此时并不适用。因此我放弃了自己的想法，将惯常思维视而不见，只迎合当时的场景和身体的感觉。

也就是说，我选择了信任代表自然界的、真实的埃菲斯图尔，而非自己所谓合理的推理思考。做出选择的那一刻，世界安静了，平和氛围如潮水般滚滚而来。这便是万物和谐之常态。

专注：马群会以迅雷不及掩耳之势让人目瞪口呆。你最好亲自接触它们，以便感受节奏或意愿的细微改变。睁大眼睛、竖起耳朵、移动身体向它们靠近，做好接纳当下环境的身心准备。每分每秒都如履薄冰！比如，我喜欢身处牧场的马群中，感受它们的颤动、呼吸和精力。每一匹马都如此与众不同，但它们会相互影响。有时，这些马儿会从牧场的一头跑到另一头，三匹同时向前疾速奔驰，它们的蹶子高高尥起，力量十足，精力旺盛！此时，全神贯注于马群会获得最大的满足感。

如此高质量的专注让我们可以理解对方，可以进入它们的世界，甚至可以预测它们的行为。与马群的接触过程中，过去、将来已不复存在，只有静默与专注创造的时间在延续。

行至更远处：忘记既定道路

然而，如何才能长久保持高度集中的状态呢？置身马群中，专注是绝对必要的，这就如同你和野生动物接触时的状态。如果不集中注意力，体重约400公斤的埃菲斯图尔随时可能会踩住我的脚，我得承认，我的这位高高在上的王子并不总是很……优雅！

所以，要如何在任何一种情况下培养并获得高度集中的注意力呢？秘诀就在于此：忘记自己。忘记自己会让你行至更远处：忘记他人的目光，忘记预期的结果，忘记相同场景下曾发生过的一切……你只需关注自身的行为，全身心投入观察，专注于要完成的任务。

你之所以会稍稍走神，是因为不想错过任何时间顾影自怜！但是请你立刻回头，完成眼下的事情！哪怕这些事只是照顾马儿、打一份报告或者洗碗而已，你要感受到身体的存在：当下的体态、热水下的双手、电脑前椅子上的坐姿，等等。感官世界的门打开了……我们感受到了发自肺腑的快乐！（参看第五章）

拉拉猫与眼前

我一直不曾远离过动物世界……我从中汲取的灵感完全可以写一本书了！千真万确，看猫咪洗脸是尤为重要的事情。每天早上醒来时，我都要喂养两团与我分享生活的小黑毛球——拉拉和尤达大人（它的智慧绝不会让《星球大战》中的原型人物忌妒）。

早餐享用完毕后两只猫咪就会一丝不苟地舔自己，从爪子到脑袋它们有严谨的梳洗顺序，动作柔软到足以让最前卫的瑜伽信徒忌妒。爪子向前、向后，朝着肚子、肋部、脸……它们认认真真完成梳洗。因此我养成了在清晨时分早起的习惯，然后一边喝咖啡一边观察它们这一整套的清洁动作。

我坐在它们身旁，好像在欣赏一个原始舞蹈：缓慢，天性，舞蹈动作符合它们的年龄段。它们所有的注意力都集中于眼前的动作，虽然有时会停止片刻，因为某个声音引起了它们的注意，但是很快，它们又埋头于未完成的事情中。它们的动作仿若某位平静的奥林匹斯神。万物皆在于此。就这样，天一亮，“咖啡——演出”的每个瞬间都在传递一条信息：“全神贯注！专注于你的任务！”对此哪怕是最超前的禅宗大师也无法否认。

深度也许是一个定义专注态度的理想词语，猫在梳洗时的表现已可证明。然而这并不是它们小小印象派调色板上的唯一色调。有时，漫不经心给猫咪的生活营造了另一种氛围。它们的动作无精打采，偶尔会被几个如做体操一样的伸展动作或挠墙的行为打断。时间缓慢流淌。我的黑色小母猫拉拉，长着一双碧绿的眼睛。它会极尽可能地引起我的注意，从床上跳起来后它的毛很快竖立起来，我于是看见了一团阴影。

而晚上睡觉之前，它会轻拍着垫子，身体呈波浪形，然后长长地打个哈欠。实在是太酷了！它在提醒我休息时间已到。禅宗大师弟子丸泰仙（Taisen Deshimaru，1914—1982）用自己的方式在一幅书法作品中传递了这样一个清晰无误的信息：偶尔休息利于身心。他将几个表意文字写在纸上，而纸张的正中央是一只体形巨大、呈半睡状态的公猫！

这些猫咪或狗狗陪伴的瞬间一定会让我们更加留意自然，并从中学会接收专注、缓慢以及尊重自然节奏的信号。要做到这一点不妨去森林或山上小住几日，愉悦身心。你会发现，时间发生变化，静默出现了，事物的表面之下有了全新的动静。

倘若日子在众人皆知的“地铁—工作—睡觉”的节奏中无限循环，这是难以做到的。那么，我们该怎么办呢？你为何不留意一下我们身边的猫咪、狗狗或马儿呢？如果你没有机会拥有一只小巧（或高大）的宠物，为何不看看报道，读读动物生态学的书籍，研究研究你喜欢的动物的习性呢？

我的书房里有30多本与动物习性相关的书籍，它们从蜜蜂讲到狼，还说到了猪。相信我，你一定会沉溺其中！动物不仅让你获得知识，它们更像是摆渡者，指引我们回归地球。在水泥浇筑的城市里，走进狗狗、猫咪的野生世界或许是迈出回归自然的第一步：我们与自然的重逢是宿命，是必需。

一粒沙中窥见世界，
一朵花里仰望天堂，
十指紧握无尽，
将光阴化作永恒。

——威廉·布莱克《天真的预言》

禅寺里的静默无声

埃皮纳勒市（法国东北部城市，该地以版画制作和图片生产闻名）的图画也许绝妙地阐释了“寺庙的静默”：一群修道人头戴风帽，头前倾，在西都修道院的走廊上步履缓慢地鱼贯而行。这幅画有种平静而庄重的震慑力。不论你从哪个角度看过去，埃皮纳勒市的图画都让人赏心悦目，你更不会对作品的创作灵感心生疑虑。佛教修行普度众生，世俗之人亦可实践，它具有非比寻常的另一面。

首先，我们的寺庙是男女混住的，里面的建筑朴实无华（毫无疑问，这和基督教最初的修道院几乎一样），寺庙对着装风格不加限制，休息日的节奏也异常缓慢。

某些清晨，我要更换寺庙各个房间里祭台上供祭拜的纯净水，因此需要黎明之前起床。我被那些不为世事所动，在黑暗中修行的人们深深感动……直至今日，他们依然勤修不辍！清晨时分，夜的深沉还弥漫在林间，我行走在寺院空旷无人的道路上，感受到了虔诚、神秘、古老且日渐消弭的生命气息。寻寻觅觅中，这种生命气息竟然就在前方。这是光阴之外的奇迹。追求超脱的人们源源不断地释放出他们的感知，今晨，这些感知编织了一张隐形的网，里面装满了祈愿和神秘。

倘若你面前的修行者释放出的激情让你讶异不已，你也无须惧怕。刚刚开始修行的避静者完全可以用世俗的方法来实践自己的修行。也就是说，修行是随意的。于我而言，修行很快就成了我的精神养料，然而与我共同修行的人当中，很多人却用更亲近自然的视角来对待它，他们同样值得敬重。佛教修行如是形成，它最终接纳了拥抱它的众生。历史上，佛祖如是说：“做自己的指路明灯。”今天，我们如是说：“该你了！”或者，“到你去看看了！”

何谓禅宗避静？

学会冥想

人们最先发现的我们称之为“禅坐”的修行是禅宗避静里冥想的基础。正是因为这样的修行方式，佛祖才深受启发。他静坐于枝繁叶茂的大树下，寻觅到了庇护。这里要提及一点女性主义者的评注：历史讲述的却是，多亏了一位善良的女牧羊人给这个可怜人拿来一碗米饭（或者用一种与时俱进的说法——其他非转基因杂粮）。佛祖在临终之际决定弃绝，挑战生命极限的禁欲，让自己奄奄一息，但他没有出禅坐，并最终成功。几千年后，全世界成千上万的人采纳了禅坐——静坐冥想的修行方式。这种方式甚而在20世纪60年代风行至欧美地区，虽未形成巨大规模，却也颇具影响。

被无止无休的日常骚动所影响的人类需要静音和简单。现在，很多人都会去世界各地报名参加冥想避静的修行。近50年来许多修行地声名鹊起（参看此书末尾的“知之更多”部分），人们在这些地方找到了一种规律、寂静的生活，并重新获得了关注他人和专注的能力，以及无私奉献的价值观。

那么，具体来说，如何冥想修行呢？晚上要做晚课，刚刚参与修行的避静者自到来之后就会得到负责“启蒙”的修行者的细心提点，毕竟他们是第一次进入禅宗世界！

一切始于将近6点的黎明时分。一位僧人在寺院里用力敲响大钟：这是叫醒修行之人的闹钟！修行者来到冥想大厅里。清晨的冥想是必须参加的，修行者无须在清晨思考是否要起床这件事。

天空微白，在明暗交替的光线里，冥想开始了。这是一个神奇的时刻。此时夜色退去，天色渐亮，风景依次跃然于眼。寺院大钟（几近800公斤）的钟声每隔两分钟就会响起，帮助修行者重新集中注意力。注意力的确是修行的关键所在：避免修行时思想逃逸回昨夜的梦里或抽离当下。从我们不再知道自己身处何方并丧失身体意识的那一刻起，大钟发出深邃而低沉的回声，让人们如受醍醐灌顶之警醒。此时此地，天空渐白，天气渐热，我们在冥想。

回到当下，皆因静音

日复一日。一切都按时间表来完成，修行者回归于自身和当下。比如三餐也需要静音。这很少见，但我们需要再三强调。假如你去赴朋友的宴会，宾客之间却保持沉默，那么他们可能是因为体会到了品尝和享受食物的乐趣而这样做。修行者的食物很原生态，我们食素并在用餐前轻声吟唱，以感恩让美食来到餐桌上的一切条件。我们因此而不加区别地想起太阳、雨水、厨师和栽种植物的人：这是一个循环链，它长到可以形成我们寺庙里的盛宴。这一刻我们也会想起很多食不果腹的人，并祈愿极尽可能地将这份餐食转化成能量。这是一个宏大的目标！

避静的日子里，静音尤为重要。某几次的避静需要全场静音，大部分时候寺庙会确定多少有些冗长的静音时限。冥想、用餐、团体活动皆要静音完成。这些时段也会和其他交流时段交替进行，不过闲聊时段常常转瞬即逝。两种时段的交替使修行时日的节奏变得和谐，也使刚开始修行的人可以更快地进入避静状态。

修行伊始，谈论自身经验的确是件令人愉快的事情。因为在接下来的避静过程里，人们需要严格遵守静音的承诺：各种活动接踵而至，冥想有时很难进行，而属于自己的时间越发有限。所以这些能“发声”的窗口有点儿像降压筛，使修行者重获精力并克服困难。从某种程度上来说，佛祖认为折中之道是极其难能可贵的！

修行中进步飞速的人也会每年完成几次完全静音的避静。我得承认自己很喜欢这些平静的日子。在相关研究专家看来，完全静音具有“清洁毛细血管”的功效。未能说出的话语和想法消失了，纯粹、简单的净化程序启动了。静音几日后，我们就能轻而易举地观察到涤荡后的内在：万物简化，山脉成了泥团，暴风雨化为春天的微风。

这一切全仰仗静音。它使我们真正地与自然万物合而为一，进行直接接触，并且将思想完全屏蔽。静音时，我们感觉到大钟的回响穿越了身体；我们好像生平第一次看到雪地里轻盈跳跃的鸟儿；我们听到振翅飞翔的苍鹰，并骑在它的背上随它去旅行！

学会感动

避静三天（关键是要摄心：控制心志，收敛心神）后，大多数人顿悟了，他们说看待问题有了新的视角，佛教里将其称为"觉悟"。这是一趟精彩纷呈的旅程！修行中的活动（如静坐、进食、感恩、切菜、睡觉等）虽颇为简单，然而世间轮廓却渐渐明朗，可见其清晰纹路和明亮光线。修行者无法确定内在世界是否发生了变化，但是他们又恢复了可见、可动情的能力。他们的气色便可做证。有的人来时眼圈乌黑，身体麻木；而避静后，在作为传统项目的合照里，总能看见他们容光焕发的脸庞、熠熠生辉的眼睛和如释重负的神情。

然而，我们得承认，摄心修行异常艰巨！因为修行者的身体长时间保持不动，而他们的内心亦五味杂陈，平静带来的快乐只会出现在克服困难之后。避静无异于“英雄之旅”。每一位修行者都要经受考验（如膝盖疼痛、愤怒蔓延、头部姿势保持不变等），要使出浑身解数投入战斗、击败怪兽，救出受困的公主或王子，并最终从容地摘下骑士桂冠。

我在写下这段话的时候，正身处斯特拉斯堡一家暖意融融、很受欢迎的咖啡馆里，周边人们的交谈一不小心就会传到我耳边。几米外的一个小家庭坐在一起品尝新鲜出炉的蛋挞——用蒙斯特干酪制作而成……绝对是阿尔萨斯的美食！小家庭的成员为外公、母亲和一个十来岁的儿子。外公用女儿的手机给另一个孩子打电话，他说道：“我们很想你。我们正在品尝刚出炉的蛋挞，但我们非常非常想念你。下雪了，你装了防滑轮胎了吗？”这通电话让我陷入沉思，而且羡慕不已。人类的动情能力无穷无尽。避静修行时，如此发自肺腑的温情会把我们重新聚合起来。

漫长而久远的避静

有的修行者自1999年这座寺庙落成之际就一直住在这里。于是他们不同于旁人！他们过了18年的集体生活，他们之间保持着非常特殊的关系。他们之间的静默如同藏宝箱一样耀眼夺目。

流逝光阴里的平和

我们决定在这座寺庙修行之后，每天从早到晚都会遇到面带笑容或神情憔悴的僧侣们，或许研究他们的神情更甚于学习外交。其中，学会保持安静是必经步骤。也许修行伊始，我们会对“集体生活”热情满满，于是拼命地告知别人一切，试图去改变另一个人，甚至故弄玄虚去迎合对方看待事物的角度。在集体刚刚产生还磕磕绊绊的时候，我们一直说话、交流、发牢骚，还会相互顶撞直至口干舌燥。有时我们甚至会赌气几天，反反复复回想自己所受的委屈——其实这根本不值一提。如果其中也有不无聊的成分的话，那就是有幸碰到不虚度光阴的修行者，他们只是蔑视地掉转头。

经年以后，经验告诉我们：“有意义”的冲突其实寥寥无几，而且我们的诸多抱怨太过微不足道。因此，修行者们心照不宣地静音以对，和谐相处。

当然，寺庙每周也会举行会议以解答相互争执的某些问题，比如购买新盘子（确实如此！）或变更服务模式。这时，有人会发言，也可能会争吵，争执累了就会即刻缓和，而且他们很快就忘记争执缘起了。平日里每个人都极尽所能地保持静音：他们对批评他人、个人烦恼、饮食标准降低等诸如此类的事情一概保持沉默。寺院的整体氛围以及每周数量众多的避静新人的出现，也使静音模式持久延续下去。

如此行事，局势便能迅速缓解。我们与呼之欲出的冲突擦身而过，一如带着思考与情绪去做冥想修行一样。与所有人一起共同修行的经历也告诉我们：万事万物转瞬即逝，而我们只有在平和的情境里才会互相信任。我可能是有“一些话”想和很多在场的男女修行者们说说。偶尔，身边的修行之人迎面而来，双方却无须戒备。若能长久保持这样的状态，那么玫瑰也会瞬间竞相开放。每一次，只要有和解的想法或者留给自己一些时间，一切就都会迎刃而解。留意自身本就难能可贵，而学会与他人共处也是殊为不易之事！

于静音中

住在寺院里的人没有年龄和社会地位限制。世界各地的人邂逅于此，比如在寺院里，会有这样的场面出现：萨克斯管老师、游走世界的旅人、秘书、护士、助教、心理学专业的大学生、女演员、信息学专业的大学生、数学研究生、软件开发商、“药品信息服务”热线接线员、企业老板、农产品加工机器推销员、电影旁白师……齐聚一堂。

这真是一座奇妙的巴别塔啊！然而，人与人的相遇并非因标签（社会角色）而起，而是建立在精神价值观和冥想的基础上。人们在见面时相互简短地介绍一下自己，是因为我们正学着去理解对方的日常行为。除了他的语言，我们还可洞见他的行为和态度。因此，我们培养了这群人和那群人的真实内在，他们变得更尊重对方。只要一点点的注意力，我们便可渐渐学会了解并尊重自己的底线和弱点。于是，人们安然、善意地接受彼此，身体的真实想法、精神的共同家园也依次呈现。

PARTIE 2

Faire silence de tout

第二部分 以万物为静音之身

将神圣注入日常。让眼睛静下来，把目光从繁杂的信息上挪开；让言语静下来，学会收声和聆听；让身体静下来，感知身体并与之建立联系。

第三章

视觉静音

我们的目光被俘虏之际

城市之眼

几年前，我在斯特拉斯堡租了一处小小的临时住所，以便在寺庙和城市生活间游走。一周三天市区，四天乡下，这是一种理想的生活方式，不至于非要让自己在城市老鼠和田野老鼠之间做出选择！这样的时光持续了5年，我深深体会到游走于两个地方生活的种种艰难，我的时间好像在填满和清空旅行包的过程中消失殆尽。但这又是另外的故事了……

斯特拉斯堡，不愧是“首都之城”。我住在一个小小的学生街区，距离赫赫有名的斯特拉斯堡大教堂不过几步之遥，旁边一条迂回曲折的河流缓缓穿过城市中心。这一带的建筑物年代久远。在清晨第一缕阳光的照耀下，大学生们驻足河堤，还有驳船酒吧……这一切让街区充满了浓郁的波希米亚风情。

但也就是在这个地方，我注意到一件人们习以为常的事情，它一直存在，所以我们甚至会忘记它的存在：那就是视觉污染！走出家门，我向左或向右行走，目光会不可避免地被大量日日夜夜亮着灯光的商店招牌、广告牌等吸引。它们从各个方向不断向我们的潜意识发送信息，这些信息不外乎："消费我们……""购买我们……""拿走我们！"我感觉自己好像置身于《热带丛林历险记》的场景中，被那里的蛇左右着。说得更形象些，它们像是成千上万条瞪着眼睛的蛇在试图将我催眠。你很容易就会想到——在这样的环境里，全神贯注于当下是件极其困难的事。

这些广告物刺激我的购物欲，购物成为获取物质幸福感的来源。但除此以外，它们的大量涌现让我不断地远离自己，我已身处"自己之外"。每一个广告物都在刺激视觉，并使我的大脑进行评估："是的，不，稍晚一些，为什么不呢。"大脑对每个广告物（内衣、手机、提神饮料等）都要做瞬时处理。它会说现在还不到换手机的时候呢。对比一下新手机和老手机的状态？对手机产生的各种费用，要慎重考虑？诸如此类的问题需要它做出反应。而这一切在大多数时间里都是在人们毫无觉察的情况下发生的。

具体而言，我注意到，人们并未从容地穿越城市，并慢慢体会时间的味道，我们只是在机械前进，无形中被一根闪闪发光、由广告牌和商店招牌编织而成的长线牵引着。消费者被催眠了。它有积极的一面：这是现实生活中的一种消遣。消费者可因此逃避于梦幻和想象中，小心翼翼地避开需要面对的困扰，比如情感上的（参看第一章中的“缺失感”）。但它也有消极的一面，有精神导师坚定地将这种现象形容为悲剧，我对此极为认同，原因如下：我瞪大的双眼指挥脚步前行，我摇身一变，成了——机器人!

荧屏之挑衅

屏幕不能取代一切！

（提醒读者：我天性客观、平和，没有习惯列举屏幕的种种消极面。然而，这一次我却以为如果能做些现实而具体的提醒，或许大家能了解到屏幕对我们发起的挑战。既然有挑战，就需要应战。一旦战争爆发，你就会从这一页及后面几页里找到应对这种“集体催眠”的有效良方。）

屏幕不能取代一切！无论身处家中还是户外，无论置身于城市还是乡野，我们都被一张无形的网俘虏了，这张网里充斥着各种屏幕。而矛盾的是，网里的我们既是苍蝇又是蜘蛛。我们为自己织了一张网，心甘情愿地沦为囚犯，而且乐此不疲。

这番言论并非想要支持或反对因特网、智能手机、平板电脑和其他数码产品。因为我正用连接了网络的手提电脑撰写此书。诚然，我不是一个虚伪的人，并非在倡导人们回归至不使用这些复杂物件的“石器时代”。与之相反，我们的精神哲学之道则明确指出应朝务实之路走去：学会面对局势，不去逃避，也就是说，要适应眼下的现实。

我们首先要问一个问题：人们从一个屏幕过渡到另一个屏幕，从平板电脑到电视，中途还使用了电话，整整一天的时间里屏幕自动跳跃至我们眼前，这中间到底发生了什么？答案是我们在潜意识的暗流中涌动。比如我们忘记了身处何方。我们“弄丢”了自己的身体或失去了拥有身体的感觉。

我们被套进了一个虚拟的世界里，而这个世界又不能满足我们，因为缺失感和脆弱的情感常常将我们唤回到现实中。我们睁大了双眼，虚拟世界中的恐惧毫无过滤地进入我们体内。和几只可爱的小猫、小猪成为朋友，却不敌看见幸存于阿勒颇（叙利亚北部城市，阿勒颇省的省会）炸弹下的孩子脸上的鲜血，这样的画面所造成的阴影永远无法抹去。

无处不在的屏幕在很多人的内心投射了一种躁动，也可以说是一种压力。信息从邮件、推特、照片墙、脸书或色拉布（Snapchat，一款“阅后即焚”照片分享应用）等应用里源源不断地涌现。它们需要保留人际网络的温床，让某一群体获得归属感或成为某个人的特别幻象，并接收到迅速的回复。此外，仅从脑部运行的角度来看，一条未处理过的消息仍处于“悬挂”状态，这就如同苏联尚未完成的事业一样——我想，此时你需要我列举一个具体的例子来稍加说明。我正在撰写此书，这时，电脑的信息栏闪烁红色，提醒新邮件的到来。

我几乎是在麻木的状态下打开了邮件，一封紧急邮件跳出，需要我提供一张夏天避静修行的近照，并将此照片尽快寄给国际禅宗协会（此事千真万确）。我重新提笔（如果可以这样说的话），脑海中却闪现出这个突然而至，要求在一两天内，也就是今天或明天必须完成的任务。在看了10个类似的插曲、20条收藏的——日后会观看的——有意思的视频、30条超紧急的关于冥想的询问后，我的大脑停滞不前了！你有过这样的经历吗?

这些小插曲的相同之处在于，它们让我们远离自己。大大小小的屏幕无时无刻不在诱惑我们。它们摇身一变，成了功率5000瓦的大容量意识吸尘器，连身经百战、全神贯注的禅宗大师也不能幸免。它们无比强大！不过，就此定论还为时尚早……

为何以及如何限定视野

写下这段话的时候，我愉快地注意到自己回归了当下，这些反应在最近几年被慢慢培养起来，并初见成效。我要强调的是，这种反应在当今社会非常罕见。它们的原理不过是极其简单的生理常识。你随时都可以获得这样的反应，而且无须破费！

为何要限定视野？

光源污染与无处不在的屏幕的相同之处在于，它们可以将我们拖向身外。它们抓住我们，将这种人尽皆知，几乎是永久存在的缺失感或潜在的不满足感深深植根于我们的生活。思维于是进入“极度活跃”或“紧张”的模式里，因为它在向外拼命寻找治疗内在不适的神奇良方。

幸而，我们可以在几分钟内缓解内在的频闪观察器，而眼睛就是接收各种发光体的载体。因此,只有学会让眼睛休息，学会限定视野后，我们才能专注于更有益身心的事情。

如何在穿越城市时限定视野？

你可以用各种方法穿越城市。我再次向你推荐一种方式，它符合你习惯的节奏，而且类似于行走时的冥想。这种方式的重点在于，以夺回思维控制权为首任，让双眼休息。几分钟后，你会受益于行走的好处，没有商业催眠陪伴，你的思想显然会越发平和。

你可以随处练习这种方法，因为你并不缺乏在城市里散步的机会，比如去单位、学院、商店的路上，或和朋友相约在咖啡馆见面的路上，不过路上还是安全第一。但你一定要尽可能经常地练习它，以养成新行为的习惯，而这种做法会让你与现实重新融为一体。

我可以给你更具体的建议

1.你在走出家门的时候就想到这个方法，同时要记得你如此行事将会获得无尽好处，或者你只做出一个动作，对自己坚决地说道："不！我不是机器人！"这已足矣，不是吗？

2.你在行走的时候要减少眼睛所承受的痛苦，也就是说，你要有意识地限定视野范围。在目光停留之际，你要准确无误地知道自己该看向何方。你得刻意避开表演、海报、橱窗、人流等视觉干扰。

3.此方法曾在众多传统的思维练习里被提及，人们将其命名为"专注"。自然，它需要你时时锻炼。

4.你在路上要定期做5分钟的限定视觉训练。留心那些注意力逃跑的时刻和别处吸引你目光的事物。这种"捕获"你意识的训练很有意思！抛开各种评价，你得以认识自我。

5.开始的时候，这种训练对你来说可能有些困难，尤其是在你注意到思维迅速逃逸的时候。但你要相信：此乃人之常情！你很快就可以通过一步步的练习，学习到集中注意力的方法。

6.为了有效帮助你，我们建议你在一开始的时候就尽量往下看，以便缓解双目的疲劳。也许下面的事物不是那么有趣……你只能在烟蒂或水洼里寻找诗歌和想象。但正常来说，看向自己身前几米的地面，可以使你避免各种视觉诱惑，并轻而易举地聚焦于自身。

缓解视觉疲劳：双目的休憩

身体—思维之关联

人们对身体和思维之间的联系漠然视之。身体和思维是相互影响的，经过一段时间的练习后你就会有所觉察。这个真相似乎无足轻重，然而它在所有的认知研究领域里至关重要，因为它关乎个人发展及最高境界的修行。这一点可从印度瑜伽修士或日本修验者那里得到验证，他们因身体修行产生的作用而获得真实直观的认识。有的人能够凭借不受干扰的注意力光脚行走于雪地里，有的人勇于挑战冰桶，他们已拥有常人所无法企及的精神力量。身体影响思维，同样也会左右思维的状态。因此身体的动作可以迅速改变人当时的情绪。

下面这个与双目有关的练习穿透了肤浅的表面现象。这条信息很重要，至关重要。未来的50年（咱们要乐观）里你可以一直实践它，而且你会在每一次实践完毕后察觉到其他事物的存在。它需要你完全放松。它可以让你即时审视自己当时的内在状态。它曾被载入古老的修行秘籍中。它传承了人们几千年的智慧，并打开了人的另一种知觉的大门，而诗人们早已为之欣喜若狂过。

小心！下面的诗歌会打开你心灵深处的温柔缺口。你会深受震撼，并产生超凡脱俗的感觉。深呼吸……准备好了吗?

每个白昼
都要落进黑夜沉沉，
像有那么一口井
锁住了光明。
必须坐在
黑洞洞井口的边缘，
要很有耐心
打捞掉落下去的光明。

——巴勃罗·聂鲁达《如果白昼落进……》，1960

那么你准备好推开神秘花园之门了吗？它近在咫尺。

训练双目休憩

平静地坐着，比如在你关闭的电脑前。坐姿笔直，保持旺盛精力，心有所想，你得拿出发现新大陆的探险家一样的架势。不要忘记双脚踩在地上，以保持你和大地的接触，并且培养你对身体存在的感知能力。目光倾斜，望向你身前几米的地面。

逐渐放松眼部肌肉：眼睑、眼周、眼尾。开始时你一定会感觉到巨大的眼压，这与我们现代世界的思维频率脱不了干系。但无关紧要，开始的时候这是完全正常的，你知道这一点就可以了。而这也是过渡到其他事物的必经阶段。几分钟后，双目放松了。你的面部肌肉和整张脸庞都随之松弛下来。你采取了中立的内在态度，无须表达，更无须意愿强烈。

停止眼睛捕获

眼睛与我们称之为“捕获”或得到某物的意愿联系在一起。这是我们生活中铭记于心的力量源泉。当我们终于放假的时候，我们便可以观察到这种“捕获”的力量！工作数周，为自己支付了天文数字一样的度假费用后，我们连做梦都在想象自己幸福地躺在细沙沙滩上，面朝碧绿海水，背对温暖太阳。我们真的实现这个梦想了！我们坐在毛巾上，面朝大海。

然而幸福转瞬即逝。刚刚享受完这个美好时刻，我们的大脑就奋力动摇了，因为它注意到了其他事情：天气炎热，沙粒刺痛了皮肤，口干舌燥，需要照几张相片发到照片墙上，忘记戴墨镜了，想要潜水却害怕鲨鱼……持续高涨的不满足感和不适感、自发出现的缺失感逐渐袭来（参看第一章）。

于是，人们开始启动捕获、占有、运动、改变的想法，以缓解这种不适感。我们改变了姿势，点了杯鸡尾酒，向后转身，坐回毛巾上；冲进水里，左右看看沙滩上人们的状态，然后自娱自乐一下……在这一系列过程中，眼睛的作用至关重要。每一次我们观察身外之物时，眼睛的肌肉都发生了收缩。这就产生了眼压，它轻微，然而真实，因为眼睛要在身外的世界里寻找治疗内在不适的良方。

所以说到底，我们需要让眼睛休息以缓解内在压力！这个练习简单到我都不敢向你推荐，因为我担心你的反应会让我不安。“但是我们会嘲笑谁呢！让我的双目休息一下。如此这般我所有的问题就会迎刃而解吗？！”意识就是这样浮现的，一旦你有了这样的意识，你会做出改变的。等你心绪平静后再尝试！

简单之益处

十多年前我在日本做过一次避静修行，当时我深受留白艺术的感染，尤其动容于它给人们带来的良好状态。我在名古屋的一所寺庙里，生活条件颇为艰苦：没有暖气，每层楼里只供应冷水，而且人满为患。还有那些比丘尼，她们很懂得挑战我的底线。从早到晚，我被她们指挥着在走道里东奔西跑，却根本不明白发生了什么。

我只是专注地完成手中的任务，完全没有受到干扰。我脸上贴着西方人的标签，大多数人久见不怪，可还是有所保留。修行课程主要是用日文讲解的，但寺院的神力和精妙让我经受住了所有考验。

某日下午，一位比丘尼将我带至一间私人茶室：这是德高望重的80岁寺庙住持青山师太用来接待贵宾的茶室。我需要仔细除去房间的灰尘，注意用抹布擦拭的每一个动作，要像用抹布擦拭宝石一样小心翼翼。几分钟后我的目光离开了擦得锃亮的桌子，突然迎面撞到一个长1.8米、宽0.6米的凹室，这是房间墙面里的壁龛。除了一尊小圣观音像外里面空空荡荡。

在天台宗中圣观音也叫作大慈观音。她睡姿优雅，四肢朝向天空轻轻伸展。尽管圣观音像微小，然而圣观音的光环似在各个方向照耀。茶室的装饰异常朴素，只有壁龛和这尊小巧的圣观音像，而圣观音像的小巧又衬托出壁龛的大气。我觉得自己好像潜移默化地上了一堂课，而这样的授课方式只为能感受它的人量身定制。我似乎身处空旷之地，得道于圣观音像从容优雅又心照不宣的指点。

日本的艺术家很懂得借鉴禅宗里的留白之道，也正是他们才使得日本艺术几个世纪以来在世界上享有特殊地位。以装饰为基点，并考虑到影响精神状态的环境，艺术效果立竿见影。何不从中借鉴以净化我们的视觉空间呢？整理，清空，扔掉多余的东西。何不捐献、重售或赠予我们不再需要的东西呢？何不让我们的双目享受空旷的奢华！当然，这样的空旷只可意会不可言传，就像智慧和安静一样。空旷中空间无尽延伸，而我们在其中展翅翱翔。

在静音中观看“内心电影”

邂逅头脑里的图像——学会放弃。

在我的冥想修行之初，人们传授了我很多他们的亲身经历，比如如何保持正确的修行姿势，如何呼吸以及如何思考等诸如此类的问题。说到如何思考的话题，曾经流行过一句名言：“让你的思绪像天空里的浮云一般流逝。”我总因这句话而困惑。首先，在我开始修行的时候，思绪更像暴风雨前的大团密云，它们远非温柔的小绵羊，常常让我不知所措。更何况，我抓不住两个关键点：何谓思绪？还有，我该如何应对以便思绪之云“流逝”？

在漫长的修行期间，我偶然发现自己的内心其实常常抱怨，然而我的导师却准确无误地告诉我：“思绪出现之际，无须介入，任其经过……”我内心有个小小的叛逆声音响起：“好的，我知道！但要怎么做呢？！”简而言之，在快变成精神分裂症患者或糟糕的职业抱怨者之前，我开始认真研究这个问题。神经科学及其最近的研究指出：意识改变的状态会像催眠疗法里使用的棱镜一样影响意识模式。在方舟研究院（巴黎）参与催眠疗法培训期间，我发现了一种单纯的“思想”划分模式，因而得以顺利完成任务。

“将万事化为静音”：思维内容

与你面对面的这一天，我是不会说出自己那繁复的思维内容的！一则因为孩子们还未上床睡觉，再则因为还有很多比这更为有趣的事物需要讲述。比如，思想的结构或形状。在佛教里，我们将其称为精神化身。可描述的思维如同物件，我们可以远距离研究它。将思维内容物化使观察变得轻而易举。你可在城市晚宴或企业研讨会中变得光彩夺目，因为你专业地使用了“元认知”这一术语，而佛教对此的解释则更为透彻一些。假如你奇迹般地开启了“不假思索”的模式，那么你得知道最近关于大脑的研究报告指出这个假设完全成立。然而对于至关重要的问题“意识从何而来？”，这些研究却坚定地回答“不知道”。

那么说到底：我们“思考”的目的是什么？或者换句话说：“我的头脑里有什么？”倘若用图解来说明，那么思想可以通过三种形式表现出来：图像、声音和感官。

在这个关于眼睛和静音的章节里，最吸引我们注意力的是图像。当我们思考或放任思想流浪的时候，视觉便开始表演了：它如同一部装在身体里并开启了自动放映模式的小电影。它拥有多样化的主题和经常“违法”取景的导演。的确，我们可以从一个图像过渡到另一个图像，而表面看两者并无关联，在这个过程中我们还会思考购物清单（产品、清单或者我们平日里闲逛的原生态商店的走道），并立即将下午的节目——开车和驾驭遥控飞机等事物连贯起来。这只是冰山一角，却足以令人头昏脑涨。而实际上我们在专注地（比如冥想时）观察思想。一般而言，视觉思维很像某些片段，某些一闪而过的图像，比如闪光灯、背景，或连续的图像、记忆，等等。

值得注意的是，每个人的身上都隐藏着对这种创造性宝库内容的研究能力，可将其应用到众多领域：首先是视觉艺术，其次可在工程设计、装饰、厨艺等方面大放异彩。（列举出这么多来，只是想鼓励你实践一下。）

然而思想，我们在后面的章节里会一直聊到这个话题，也可以将其视为听觉的内容：它是可听到的声音，会瞬间浮现在脑海里，最最重要的是，它是我们内心独白的永久共鸣，也可将其称为“头脑中的小小声音”。关于这一点我们可以滔滔不绝地说下去，尤其像我一样，内心独白随意发挥，堪比自行车选手在阿尔卑-都埃下坡时体验到的跌宕起伏。（我们稍后在第四章中会有所提及。）

最终第三个“思维载体”或第三种可能的思维取代这些如同“蓝色海岸上空的浮云”一样的想法飘过。身体的存在感，还有深切体会到的情绪，将会依次呈现。（我们在第五章里再来聊这个话题。）

“内心电影”与“图像游戏”

既然我们已经做出了解释，那么如何做才能达到或培养内在静默呢？或者换句话说，如何做才会想起去“关电视”？找对方法，一切皆有可能。

这个过程关键的第一步在于你要意识到思维内容。

意识到自己的“内心电影”

几千年来，所有身覆绒毛的智者皆静坐于地以自观内心。此法有助于从艰难的常态思维的旋涡中脱身，并驻足于寂静之处，进行内省。这合情合理，在通往智慧的道路上，我们需要仿效“绒毛智者”们，觅一处安静之地以自我审视和反思！无论何时何地，这种自我审视都是可行的。我们强烈建议你体验一下，以便实实在在地知道“上方”，即你的头脑里盛满了什么。

需要提醒的是，深处静音之地和保持身体不动的做法曾被某些喜欢“散步”的哲学家强烈反驳过，如大名鼎鼎的海德格尔在行走时发现了理想的、与思想合而为一的状态。它是否与思维图像有关？这至今是一个谜，我无意冒犯伊尔玛女士，我只是更青睐海德格尔精神世界里的“内心独白”模式。

你一旦找到了合适的地方，便可静坐，闭上眼睛片刻或将目光倾斜定格于身前的地面。如此你会渐渐地缓解双目的疲劳。之后我们要提醒你，你头脑中浮现的图像正慢慢减少。然而这并不是该实践的目的所在——真实的目的是，你要出发，去与你的大脑相遇，并看到它里面的内容。

千万别大惊小怪。请瞄准幻灯机，观察依次出现的图像、颜色和形状：这是一个突现于你身前，却又真实而坦荡的世界！

秘诀

进行观察需找一个视觉点，也可以说是一个“空间站”，一个可以从那里观察的地方。我们因此用了“满满的意识”、“观察的状态”或者“观察的意识”等短语来描述。我的第一位导师奥利维尔赖艮旺仁则用了“完全存在”的表达，旨在让全身参与上述的观察中，并且达到我们所期待的体验状态。这里有一个秘诀要传授给你：我们不是用大脑观察大脑，而是要找到另一个视角、另一个空间！

我用了5年的时间才达到这种状态，因为一路上困难重重：不受控制的情绪、焦虑感以及缺乏对自己能力认可的自信，它们反反复复地出现，在我内心肆意蔓延，以至于我无法回避。我只能同时加入其他更有效的心理疗法，于是我此后开始催眠和自我催眠。

早期在“内心电影”观察的尝试阶段，尽管是摸着石头过河，我还是能感觉到依次呈现的事物，它们仿若清晨牧场上空消逝的薄雾一样。而冥想留给我的阳光，温暖了我内心的田野，这是静坐起到的调节作用。住在寺庙的时候，我每日早晚需与大家一起，集体禅坐于冥想室，静坐，冥想，修行。无论刮风下雨，无论风雪交加，这一安排从未更改，身体似乎也在等待着这些使日子变得有规律的平静时刻。

与图像游戏，以重启静音模式

在学习催眠疗法和神经语言规划学课程期间，我饶有兴趣地注意到了“图像游戏”这个练习。它和前一个练习的不同之处在于，它主张介入思维内容，而不仅仅是停留在观察阶段。从佛教信徒及其修行的角度来看，我们只是停留在思维层面，并未做到“完全现身”。而“图像游戏”，某种程度上，则是头脑之间的较量。但我绝非想要诋毁或否定前一种练习！

与思维图像有关的实践实际上非常有效，我每天都将其传授给来做催眠疗愈的病人。

接下来的提议就越发简单了：我们的内心世界体现了我们对外在世界的看法，它取决于我们的洞察力。说得再简单一点儿：假如你将两个人安排到了同样的地方，面对同样的风景，他们内心所呈现的图像却是大相径庭的，这是因为他们接收信息的习惯不一样。其中一人，就是那个爱幻想的家伙，将脸偏向了微风，然后看见了天空。而另一人，年迈的农民，看到了田野里的农作物。如果你立即就想“深入”研究个中缘由，那么你可以读读叔本华的著作《作为意志和表象的世界》（*Die Welt als Wille und Vorstellung*），他研究这些不可思议的问题，当然还有其他引人入胜的主题。

既然你已经坐好了，我们就开始实践吧！

和冥想—观察一样，实践之初你一定要置身寂静之地。闭上双眼，想象你内心（要专注！）的思维图像。在你的内心世界里慢慢注入平和，你并不需要刻意增添细枝末节，你只需要逐渐放慢图像出现的节奏而已。比如，想象所有的画面均处于失重状态，或者想象一部电影里的慢镜头桥段，画面一个镜头接一个镜头地缓慢呈现。你可以做自己的电影放映员，控制放映机。你可以使用魔力遥控器，以便与图像游戏……一切皆有可能！

之后，你逐渐将静音或相对安静的空间放在你的精神世界里。这是一个对抗压力的良方！

秘诀

冥想—观察的练习会让你适应有画面出现的思维状态。因此，开始前花几分钟时间静心观察很有作用。在介入思维内容之前，这个步骤好像给内在做了一次全面检查。

第四章

言语静音

我一直都很喜欢聊天，有一句没一句地闲谈……真的是个爱说话的人！念小学时已然这样，因此没少被老师警告。他们拍着焦躁不安的我的幼小肩膀说“你很有天赋，但会影响同桌”，“你学习成绩优秀，可要注意言行”等诸如此类的话语。那时，父母为了能让我平静下来，便采纳了经验丰富的小学教师热娜维埃夫·迪维朗女士的意见，为我报了诃陀瑜伽的学习班。

20世纪80年代初期，这类课程可谓凤毛麟角，当时瑜伽并不像今天一样风靡各地。然而，我很幸运，这门瑜伽课程是免费的，它让我受益匪浅并为我日后的修行打下了基础。尽管父母为我安排了一切，但那时不过七八岁的我无论上不上瑜伽课，都是一个叽叽喳喳爱讲话的孩子！

在之后的成长岁月里我依然本性难移，静音生活虽姗姗来迟，却为我带来了快乐。而且，缄默不仅带来了快乐，也带来了莫大的幸福感。在集体生活中，我的话语完全融入氛围和节奏，它们好像跟随相关主题的闪电。但更多时候，缄默和观察却是生活中的极致奢华。当我在城市或森林里思考自己的人生时，我感受到了缄默的内在休憩作用。人生的每个阶段都在发生变化，它们近在眼前，依次或几乎依次出现！

全然静音之神话

我做的第一件事情是和闲聊言归于好，这让我讶异不已，但我得像接受正常存在的现象一样去接纳它，并且意识到内心的嘈杂其实包含了各种因素。

我们可以默不作声地思考以下问题：你是否注意到在前进的道路上自己常常逆向而行？“前进”于是意味着“回到原点”。为何前进了却没有培养出全然静音的新优点呢？我们需要先接受自己的小缺点，再开始前进。现在你默不作声的思考已经结束了，那么你可以低声说话了。

放弃绝对而永久的静音，这条路上玫瑰盛放，但我们必须借道于他途……

头脑里的小小声音

就从确定一件要指引我们前进且很重要的事情开始说起吧。语言的全然静音几乎是不可能的。我们当然可以在长达数小时，甚至数天的时间里保持缄默——冥想避静时，我们需要做这样的实践。很多传统的修行也会建议修行者自行沉默（我们在后面会聊到这个话题）。

话语虽然没有从口中说出，但它们依旧在我们的小脑袋瓜里鱼贯而行，排列整齐，俨如训练有素的小小士兵们！除非我们的脑电波异常平稳（脑电图机器显示呈水平状图形，但坦白说，这不是好征兆），否则，大脑会继续运行，产生思绪或想法。

所以，很多人的头脑中一直会有一个“小小声音”，它根据不同的事件或评论分析，或抱怨，或唱歌。其实也没有什么值得大惊小怪的。人们一般将这个小小声音称为“内心独白”，有时候它的作用不可估量。比如多亏了它的存在，我才能获得写作这本书的灵感，并将句子连贯起来。正是这个小小声音在一年结束之际给予了你重新出发的动力，并建议你食用原生态食物，做一名素食主义者，或者决定你的购物清单。也依然是这个小小声音承受着你前进道路上的挫折感，它会说：“嗯，你确定要一直生气下去吗？”当你遇到一个已婚、有三个孩子且住在马约特岛的美男子时，你为他的迷人双眼而沦陷。这时，小小声音响起了，它说出了那句千篇一律的话——“我早就对你说过了！”——来阻止你去做不能持久的荒唐事。总之……

大多数时候，小小声音只是在内心碎碎念。当然，如果这个声音在深夜响起并命令你：“拿这把斧头去砍你的邻居，我就是撒旦，我命令你做这件事！”那么你得去找“灵魂医生”（精神科医生）咨询了，而且要尽快去看医生！但人们常常在自己的头脑中自言自语。

所有人都觉得这再正常不过了。有的人——不是你，绝对不是！——甚至会在车里、家中自言自语。他们在做家务或整理酒窖的时候会说：“瞧，这玩意儿，居然在这里……好吧，我就把它放在这里……好了……搞定了……不错……”你想起什么了吗？

语言方式就是“看世界”的方式

然而语言对我们日常生活的影响至关重要。20世纪末的诸多社会学研究表明：世界会因个人文化尤其是个人语言而改变。爱德华·霍尔在其著作《隐藏的维度》前言里对此做了一番绝妙的解释。该书探讨了不同国籍下个人内心世界的不同维度：要做到深入了解对方，需要知之甚多。

语言改变了人们对世界的洞察力和关系。因纽特人用52个单词来命名“雪”，他们的眼睛善于分析事物。眨眼间，他们就可辨别出自身周围的不同事物。硬雪、软雪、厚雪、冰雪、薄雪、积雪……我们无须专门了解因纽特人的生活，但准确使用词汇可决定一个集体的生活方式。凭借着游刃有余的命名方式，因纽特人早已习惯准确描述户外各种形状的雪。而孩子们从小就开始学习这些表达，他们用更加精确的方式洞察、认知，甚至塑造世界。“塑造世界”这个词会让你产生想法吗？或者你根本就不在意？抑或两者皆有？这可作为下一届中学毕业生的哲学考题。

从这个时候起，我们开始审视深深浸透于日常、我们“看世界”的语言。获得打破惯例的崭新意识，会打破我们惯常的思维模式，并推动我们去尝试新的思维模式。

我就是这样认识身为心理医生的G.的，他经常改变自己，扮演不同的“人物”。有些周末，他的穿搭新颖独特，为自己杜撰出另一个人的故事，说话风格、节奏均有所变化。而在另外一些日子，他是一个热衷于运动的人。还有些日子，他摇身一变，成了企业领导者或出租车司机——扮演什么角色，随他的心情而定。而在变身的过程中，他的世界观及洞察力也改变了。日子一天天过去了，变身成了家常便饭，G.带着好奇去研究因变身而出现的新情绪。在他转变身份的过程中，语言和词汇的作用尤为重要。据他所言，这是不容小觑的细节，足以让他真正投入角色中。当他找到贴切的“说话方式”时，他扮演的角色极其自然，人际关系也竟然出乎意料地形成了。词汇、语言影响着他对自己和他人的洞察能力。其之后的可能性是无限的！

然而这些和静音有何干系呢？道理很简单。在我们很小的时候，我们已习惯去命名出现在眼前的事物。这是桌子，那是时钟，一小时等于60分钟，等等。这种习惯极有效率，我们因此得以与他人交流并让对方理解我们。它也明确了我们的生活轮廓：因为在命名的时候，我们就证明了各种事物的存在，我们为自己的环境划定了范围。可是范围与命名、定义及提供意见的习惯也让我们将预想限定在事物和自己身上，限定在周围的生物上！比如我们妄加揣测女邻居是个怨妇，于是给她贴了一个标签，也关闭了重新审视她的视角。

重拾静音很像下面这个例子：用一个孩子好奇而吃惊的目光去看待我们的女邻居，心无成见，更不妄加揣测。女邻居只是一个普通人，一个我们每天都会遇见或再遇见的人，也许总有一天我们会理解她。为什么不找回这种静音呢？

“不知道”的快乐

作为结语，我又老生常谈了：语言可以成为标签。这合乎情理，如此甚好，因为词汇服务于语言（它们完美融合，于是诞生了诗歌）。可另一个问题也浮出了水面。将标签贴在初始载体上，我们既为之增添了新内容，又为其设置了界限。语言和思想的静音，也可称为“虚无”的回归，如此，你将获得另一个宽广而自由的世界。其实我们所说的只是“不知道”的快乐。我希望弗里德里希·尼采能原谅我，因为我借用了他著作里的标题。（尼采先生，你尽管放心，我只是微微提及了一下。）

人脱离思想的状态一般发生在说话之前，而奇迹正是在这段无法表达的时间里诞生的。这就像是站在彩虹下仰望奇迹，一无所有却勇敢踏上冒险征程。唯有在困境中前行，才会意识到世间万物的平和、安详之态。

远观生活，
永不去问它，
它也无法对你诉说。
答案
在上帝之手，
你尽可虔诚而
安然地仿效奥林匹斯诸神，
因为神就是神，
他们不会彼此想念。

——费尔南多·佩索阿《使命》

学会保持沉默

静默之花在沉默不语中竞相绽放。

——日本谚语

静音为何如此之难

欣赏完诗歌后，我们要聊聊严肃的话题了。既然你已经阅读过这一部分里的不少文字，那么我要提醒你请做好接受震撼的准备。这是为达到平和及静音状态所需要付出的代价。然而请你相信，你的“牺牲”一定会有所得。之所以用了“牺牲”这个词，是因为对于我们当中的某些人来说，这的的确确是一种“牺牲”。毕竟我们早已习惯了那个和同事、邻居、朋友聊聊生活琐事或是天气预报的自己！

就连寺院也绕不过这一步。尽管寺院是静音或冥想修行的理想之地，但它依然要接待像你我一样的凡人。有的修行者自然而然地就喜欢上了静音生活，而有的人要慢慢学习才会进入状态，还有的人则将静音视为酷刑一样的折磨。在每天清晨冥想之前，我们用20分钟进行洗漱，之后去冥想大厅品一小杯茶。自晚课开始后，静音的规则便发生了作用。

然而还是有修行者难以接受与他人共同修行、饮茶，没有眼神的默契交流，甚至连早晨的寒暄都免去的状况。因为他们所期待的事情在寺院里是被“禁止”的，于是他们只好私底下小声交谈。而我也在很长时间里扪心自问：这样做真的有用吗？如果完全静音绝无可能，那么我们该怎么做？为什么我们一定要接触“另一人”呢？

事实上用社交语言交流是一种让人安心的体验：我看着另一个人，然后问候他，他也问候我，虽然寥寥数语，却证明了我的存在。或者，换句话说，对方的目光和话语让我拥有了存在感。那么，这是否意味着如果不这样的话，我就不存在了呢？整整一本书也不足以探讨这个主题！我是谁？真相是什么？我是否需要为生存而建立人际关系？哲学家和电影导演（参看电影《黑客帝国》）早已享受了这个主题所带来的快乐，他们在人们的思考轨道上设置了诸多障碍，并且不遗余力给我们井井有条的生活里增加了一些不确定因素。人们似乎只有在佛教净地里才能寻得安慰，因为那里有静音生活。

语言的静音修行极其残忍地挑衅着我们要被看见、被听到的渴望。这也解释了为什么有些人虽无奈保持安静，却对别人的目光极其敏感。

言语静音之效

释放思维

在佛教里，我们把这种修行称为“止静”。修行者需缄默而行，任随脑中闪现的话语流逝不见，而不是将其言之于口。修行者需要很有意识，并心甘情愿地做出沉默不语的决定。这样做的好处不胜枚举。数小时或数天后，思想如释重负。

我们每年都会进行为期一周的静音修行，一般将时间定在隆冬之际。身处大雪纷飞的仙境中，我们全神贯注于修行。此种专用于冥想的避静，叫作“rôhatsu”。修行者以此致敬2600多年前，佛祖于12月8日（日期需确认，因为那时还没有自拍这回事儿）授予的启示。缄默一周，非常理想的条件！每年（我已经进行了12年的rôhatsu），我都颇为惊讶地注意到这种静音修行对思维活动产生的奇妙的影响。数小时后，思维异常平静，只要一想到还要在这身心愉悦的平静里继续修行几日，我就会感觉格外轻盈自在。

通常，我们因日常琐事，比如工作、公共交通、政治，等等，产生想法、欲望和判断。我们也很少会“忘记”明确表达观点，然而这些话题转瞬就会变得无足轻重。和一位同事有了矛盾，如果没有口角，尤其是没有在同事间散播开来，最终两人之间的矛盾会像一件旧羊毛衫一样散成丝缕，不复存在，仅仅一笑而过。

当然，一切皆有因果，但规则也不是绝对的。我们可以确信缄默为问题的解决提供了空间。比如，很多人以慢跑来放松自己，他们需要“换换脑子”。一次安静的慢跑——当然是呼吸正常的慢跑——释放了内心如雷鸣般滚滚而来的思绪。在步子的律动下，内心的浮躁一点点消逝，双腿如同画家的画笔慢慢将地平线呈现在我们眼前。我们中不乏大智若愚者，他们认为：平静的地平线就在即刻，它藏于表象之后。无须思考足以重拾平静。

当然，对于实用主义者来说，人们并不是总有机会放假一周去做静音冥想。但对修行者而言，第一次尤为重要，因为他们一旦体验到另一种生存方式所带来的快乐，就会计划下一次的修行日期，并在请假时急不可待地盼望着修行日的到来。可如果你记事本上的日程早已排满，那么请你在后面几章寻觅一些小灵感，以便在日常生活中体验言语的静音修行，无须等待。

另一种语言

数年前，大概是2008年，我去日本做传统避静修行（参看第三章）。寺院里授课的比丘尼恪守传统，她们中的有些人不太理解“外国人”为什么也来修行禅宗佛教，因为她们以为这只是日本本土的修行。我到达寺院的时候，有人告诉我不能使用英语，修行的一切活动都要用当地语言，即日语来完成。因为日本人认为信息设置了“秘密抽屉”：有说出口的话语和未说出口的话语，它们分别代表着表象和真相。

如是，寺院住持及其某位出色的助手将修行的诸多事宜安排妥当。而与我同寝的几个比丘尼能说或者勉强能说几个英文单词。于是“不准说英文”的明令禁止和“我们会尽力帮助你做好修行”的心照不宣形成了强烈对比。这是一种洞察入微且妙趣横生的文化体验，我故而兴致勃勃，想要深入了解下去。

但为什么要聊起这个小插曲呢？此次避静修行的3个月里，我和比丘尼们的言语交流可谓寥寥无几。导师用日文授课，偶尔会照顾我稍微翻译一下。我也正好可以跟上进度而不至于是听天书的状态。大部分时间里，比丘尼们都在热烈交谈，而我却从不知道她们聊天的主题。

一开始，我曾尝试过不借助任何语言来辨认她们句子的结构或音调，却终是徒劳：日语和中文一样难懂！于是我很快就放弃了聆听她们交谈的想法。她们聊天时发出的声响如同我们熟悉的嗡嗡声，萦绕在每个日子里，而且她们的快乐是那么自然。她们时常闲聊、欢呼、大笑，气氛活跃。而我，我只是在一旁傻看着！

沉默不语真的让我受益匪浅。我所有惯常的想法均闪过脑海，但它们却未能用合适的语言表达出来，如同太阳照耀下的白雪一样消失殆尽。不得已而为之的静音彻底焚烧了我的愤怒或淡漠，使其不留一丝痕迹。没有人听我抱怨或低声牢骚，也没有人替我表达我对事物的看法或是胡言乱语：这显然是与静音同行，开始全新思考的理想条件。内心的小小声音依然会响起，表达一切，而且还是用日语！

多年以来，我已习惯聆听自己的内心独白，因此不会强求它绝对安静，我甚至都没有考虑过这种可能性。我需要它——内心的小小声音，它让我安心。由此新生了一种语言：日语句子、佛教音乐——一种超出惯常思维却可每日聆听的慰藉思想的音乐。我喜爱至极。更美妙的是，我每日都能感觉到自己越来越平和的心境和越来越集中的注意力。

多多聆听，打开洞察之门

我们内在的小小声音发出回荡声时，总有一个强烈或微弱，尖锐或低沉，又或者是中音的声音响起。它常常在宽阔的空间里响起，并将我们与周遭的声音世界隔离。换言之，我们不能有觉察地在“自己的头脑里说话”，也就不能聆听世界的声音。何其遗憾！正因为这样，很多人和朋友在森林里散步却从未觉察到树木奏响的旋律，树枝上飘落的秋叶的轻轻叹息，因风碰撞到一起的枝干的嘎吱作响……

突然，我们意外地发现，嘴巴安静了，脑袋也清净了！突然，我们又听见声音了！我们行走，双脚踏地的声音填补了瞬间的空白。声音的出现有时转瞬即逝，而且很快就会被人们遗忘在身后，但有时它又会让聆听到它的人久久不能忘怀。

你熟悉这种森林散步时突现的辽阔感吗？这是一种面对巨大存在时的眩晕感，心跳突然加速，或许也是为了配合环境而产生的节奏。有的人用“我们不是唯一的存在”来诉说这种感觉，而有的人则双膝跪地祈祷上苍，还有的人正适应这种感觉带来的神秘感，并未去揭开它的面纱，就像面对生活中未知的冒险。

无论身处城市还是乡村，一个缄默的人，一定可以感觉到另一个世界的存在：生活的暂缓、时间的停滞和精神的扩散，共同构建出了另一个世界。这个世界曾经或一直都在吗？还是因为我们的细致观察它才出现的？这些问题的答案我们无从知晓，但似乎从咫尺到天涯的声音都从此涌入我们的耳朵里。

佛教中受修行者所青睐的佛像之一圣观音，人们也称其为观世音、观音或大慈观音。她通常以女神形象示人。很多宗教传统都使用圣观音这一形象或者其原型，以便在日常生活中获得灵感。在想象这尊菩萨的美德的同时，我们亦跟随思想朝她走去。圣观音的另一个名字是“听到世界声音的人”，迎接新来的修行者时，我常常乐于提及此点。

这种说法让人感到前所未有的温情！圣观音听闻及了解众生的一切——他们的生活、品德、缺点、欲望——她关注众生、心怀慈悲。听闻诸多凡间俗事后，温柔以对人类的天性，这是她唯一显露出的情绪，从未更改。我们以圣观音为例，其实只是想请你“和自己做朋友”。（何况这是一部赫赫有名的著作的标题，大力推荐你阅读此书！）

如果觉察之门得到清洗，
世界的任何事物就会无限地呈现在你面前。

——威廉·布莱克

聆听与思维净化训练

有声旅行之体验

迫于生计，我从事过不同的职业，它们中的每一个都很有意思，我尤其喜欢声乐老师这份工作。来上课的人要么独自一人接受训练，要么接受集体培训。教室位于斯特拉斯堡市中心，学员们通过学习以了解声音的功能、呼吸及共鸣等基础知识。大多数时候，他们会将声乐课放入一天的安排当中，在繁忙的活动和课程之间自由切换，有时会带着满身风尘突然现身声乐课。

他们就这样卸下了肩上的负担，全身心地准备体验唱歌的乐趣！于是，我为他们安排了一个简单却利于身心的活动“即时减压禅”。坦白说，这个活动很容易实施，就是在一天中的任意一个时刻，静坐、站立或躺下，独自一人或与人为伍。而且这项活动还具备隐形和不易察觉的特点！你可以在任何场合中实践——会议中、地铁上或家里，如果你没有被人惊扰到，那么这个小小活动就上升成了传统的冥想或呼吸的训练。

所谓修行便是如此：此刻无论你身在何方，你都可以启动聆听你身边声音的练习。从最近的声音聆听至最遥远的声音。你需要花一点儿时间从一个空间转移到另一个空间，从第一个聆听到的事物过渡到背景中。然后将耳朵伸向不同的频率：尖锐、低沉、中音。尝试着辨别此刻各种不同的声响：城市低沉的跳动，远处飞逝而过的火车，刹车的摩擦声，树林里的风声，自动洗车站里的声响，交谈声……聆听的秘诀在于随声音而走并拥抱它们。

几分钟后你或许会产生一个疑问：那么内心和外在的界限是什么？声音会在什么地方从我的耳朵进入我的内心？这个问题很难回答，界限似乎模糊了，既无内在也无外在。声音、世界和“我”早已融为一体，无法区分。这或许也是我们的音域打开后获得舒适感的原因！无论你是否相信，结果都在那里，我的每一位学生皆可证明：尽管有些疯狂，他们却感觉良好，仿若在5分钟内开启了声音之旅！

为什么会这样？这里，我建议你做个假设：想象我们忧心忡忡的时候，想象我们反复思考、反复检查的时候，我们始终没有绕过自己，就像置身于一个封闭圆圈里的囚犯。我们完整地穿越每一条街道却对其视而不见，因为我们的关注点全部聚焦于内心独白上。在我们决定打开舱口、伸出耳朵的时候，作为回应的空间自动出现了。“外面的”世界重新出现在我们眼前，内心独白平静了，全身心的精力再次呈现出和谐状态。

所以，我在进行疗愈时，如果面对的是一个抑郁的病患，那么我的第一件工作就是让他抬头重新看看身边的风景。在后面的实践里，我们要打开耳朵才能完成：结果都一样圆满，氛围也因而变得异常轻松。

聆听内心的小小声音

跟我们之前提到的一样，那些很喜欢说话的人脑海里常常闪过“假频”（频率混淆），这句话出自从早到晚说话的吉明尼·科瑞克和蓝头发仙女的对话。我们将这种现象称为“没心没肺的对话”，不过我认为“独白”似乎更贴切一些，因为你至少不会高声回答自己的提问（老实说，这也很冒险，不利于你和谐的社交生活）。这个小小的声音通常是自言自语的声音。

我要向你推荐三种做法，帮助你调节这个小小声音的频率。关于它的源头、用处和可信度，我们需要用整整一本书来解释清楚，但此处我们只是提及一下，所以不免让你又一次感受到意识的神秘。准确说来，我们只是用便捷有效的方式一起研究一下这个“小小声音”，以便你重拾平静心态及内在静默。

王者的修行：观察但不触碰

我们也可以将这种修行方法称为“王者之道”。这种修行一直为人们所实践，因为它比其他修行方法更经受得住时间的考验。它将我们带至最远处，并且发掘出我们身上更多的潜力。这是我的首选！即使与你远隔天涯，我也选择先将它推荐给你。虽然王者之道其貌不扬，然而你会在前进的过程中，渐渐发现那些隐藏着的神秘又美丽的事物，绝无例外。

首先你需要坐在安静之地。可闭上双眼，也可半睁半闭，但你一定要完全放松下来。然后你重新站起来，用王者的姿势，也就是说像肩负重任，乃至身受神谕的人一样站立。此刻正是你出发去探索内在思维的时刻。你在想些什么？尤其是此时此刻你会说出什么样的话呢？是说出有逻辑可循的话语还是片言只语，或是唱出一首不久前听到的歌曲？说话的那个声音是你的，还是你朋友或父母的？

现在，我们进入练习的重点，无论你处于什么样的状态，所有一切都可用这个解决办法化解：逐渐缓和那小小声音，并将静音海滩释放出来，无须为自己布置重要任务。你只需站在一个中立观察者的立场上足矣。我们也把中立观察者称为意识目击者。你需要培养的就是无介入、无判断也无评价地观察闪现的思想和话语的能力。你静坐此地，看它们经过，你甚至注意到寥寥数语也一闪而过！

此修行的优点在于与自己真正“和解”。我们既然战胜不了声音，也无须刻意安静，就不要建议声音自我完善！千万不要。要像大门乐队（The Doors）在歌曲《随之而来》（*Take It as It Comes*）里唱的那样：既来之，则安之。从心理学的角度来看，这其实关乎每个人对真实自我的认同，接受自己的优缺点，接受内心声音的存在，尽管它有时绝妙，有时专横，有时危急。

此修行方法里，无论哪种声音到来，都是受欢迎的。欢迎仪式也同样安静，这些自我只是被放到了意识目击者的镜子前面。此时，我们不去触碰思想或声音，只是随之出现又消失。于是一种神奇的自由感也应运而生！既淡定又宽容，另一种看待自己及世界的角度，原来一直存在。

和自己的“小小声音”玩耍

如是，我们可自娱自乐片刻，并且带着幸福感重拾童年的想法，与我们的小小声音一同玩耍。一些事情会让你开怀大笑，一些事情又会让你目瞪口呆。无论是在哪种状况下，你都会为自己大脑的能力和潜力感到惊叹，而这种潜力并不偏袒任何人，它也会从中收回一点儿控制权。假如你的小小声音偶尔让你烦恼，那就听听以下的建议吧！

辨认小小声音：要做到这一点，可用之前提及的练习进行训练。开始的时候，身处平静之地要容易得多。然而，我们也可在地铁里、行走时、购物中来进行训练。

降低声音：想象你的大脑旁有一个调节音量的按钮或是标尺。先转动按钮提高音量，然后再转动按钮降低音量，声音便会减小了。这很神奇，不是吗？

迁移声音：你在什么地方听到过这种声音？它在头脑里吗？在上面、右耳边还是左耳边？在脑袋后方吗？在嗓子周围吗？花点儿时间找找声音并为其定位……然后试着让它搬家！声音随运动而转移。它改变位置了！接下来可以测试寻找能让你耳根清净的理想之地。至于我，我经常把声音放在心里：因为这样可以保留它最初的保护功能（小小声音知道很多很多事情），而我的头脑也可自由地观察世界。

还有很多其他小练习可以推荐给你，它们是我在神经语言规划学的课堂上学到的。我在催眠疗愈中经常使用它们，每次都颇有成效。

我们来说说这名年轻女子吧，她的内在声音专横霸道，每天从早到晚给她传递消极信号，比如“你一无是处……真是乱七八糟！……你这样做不可能成功……可怜的女孩，你蠢笨如牛……”。我们没有追踪小小声音传递这些信号的根源，而是直接针对内容训练。我提议她用唐老鸭的腔调取代那些质疑的声音！结果就是她乐开了怀，甚至笑出眼泪来，相当有益身心。从此，她不再和那些指令计较了。唐老鸭的声音让一切作废！而身心重新变得轻盈。

怎样做到“大智若愚”

身体和思维紧密相连。而这句话也适用于人类身体里最惊为天人的一个器官：舌头。它拥有17块肌肉，可以自如地做出各种动作。多亏了舌头，我们才能激情昂扬、措辞贴切地说话。一个吃奶的婴儿正在咿呀学语，召开股东大会的时候有人正在发表人生演讲。这一切都得益于我们的舌头，因为有了它，我们才能说出“我爱你”，或者在祖母临终之际和她永别……舌头是一个非常有用的器官，然而却被我们过于频繁地利用！

我们得知道：放松舌头可以立刻放慢思维中潜藏的话语流。即使在这个领域里还没有相关研究，舌头和内心独白依然难舍难分。所以，缓解其中一个将会使另一个相应地平静下来。我常常因此而做冥想训练，幸福感满溢。

可要如何放松舌头呢？事实上这关乎同时放松舌头与下颌。让下颌落下，微微张开嘴巴，或者将舌头放在牙齿后。此时你将会看到脸庞显得有些笨拙，然而你却因此放松了！我们将这个训练称为“大智若愚”或者“扮演德鲁比”。请你测试一下这个练习的功效（私下），你会发现它非常简单，而且阻止了你的抱怨、反复思考或内心嘟哝。最近，某位女性朋友问我：“‘大智若愚’足以解决我们所有的问题吗？！”……

我将仲裁权留给你。

那些沉默不语的人总默默做事，
他们最让人自在。

——尼古拉斯·德·尚福尔

第五章

身体静音

15年前，假如有人向我描述我今天的生活，那么我可能会大吃一惊。用我当时的眼光来看，这样的生活——所有在寂静自然里度过的时光被我用来观察变化的天空，深入了解动物的神秘特性，以及专心守候最尖锐的回声和我身体的跳动，它们会让我快乐吗？

此外，我当时并未跟自己的身体真正融合。它至多是一个被我拖拉着的物体，无论是否愿意，陪着我从一个节日过到另一个节日，去体验极限，去冒险，时间也就这样流逝了。当我歌唱和冥想的时候，一切都改变了！一个新世界出现了：身体逐渐显露出来，一个器官继一个器官依次呈现，直到所有或几乎是所有知觉慢慢恢复。

我得诚实地告诉你，为了做到这种改变，我几乎耗尽了时间和耐性。

缺席的躯体？

我犹记得在法国中部让德罗尼尔禅寺里的第一次冥想。我们席地坐在垫子上，导师说如果坐姿笔直，便可观察到身体的不同部位：腿、脊柱、颈背、头顶，甚至两只手的拇指接触！这里说的是轻按拇指的动作，如同捉到小蚂蚁一样：既不要过于用力（我们任你想象结果），也不要太轻（因为这样的话，小蚂蚁会迅速逃离，何况我们也并没有征询过它是否有参加冥想的意愿）。

我在开始做这个动作的时候，那只蚂蚁迅速逃走与它的同类团圆，而后上百只被召集而来的蚂蚁参与了冥想训练，并且很快就重蹈覆辙：逃走或献身于全神贯注的祭台上。幸而它们只是出现在我们的想象里！

正如你注意到的那样，我的身体意识肆意生长。你将在后面的章节里发现各种以逐渐培养这种意识为目的的训练。因为从一开始，我们就已和这些问题纠结在一起：为什么身体也要静音？身体意识会为我们带来什么？这是历经考验后得出的结论吗？“身体静音”的观念将会揭开它们的谜底，并兑现它的承诺。

请你跟随我……首先邀你进入声乐课的课堂。身体的确是为唱歌而存在的。还有，多亏了下面这个例子，我们才得以意识到，重新思考自己和身体的关系很重要，也很必要。

一堂声乐课的秘诀

“你好，你是坎吉育吗？”一位年轻女子站在我面前，眼睑低垂，发绺滑到睫毛上。“是的，我是，请进……”随着第一堂声乐课开始，人际关系也随之产生了，总有奇妙和令人沉醉的东西等着我们。我们出发去探索自己的世界，它就立于脚尖之上。我们将要穿越神秘的个性，进入纯粹的空间。我们会开怀大笑，会推心置腹，会一起见证声音、呼吸和身体共同创造的奇迹。因为有了声音，身体便会极其自然地做出回应，而人们却恰恰没有想过奇迹的发生。

“你喝点什么，咖啡还是绿茶？正式训练声乐前，我们可以闲聊一下！”

“哦，我很乐意来杯咖啡。”年轻女子笑意勉强。

我暂时离开她去煮咖啡。静默袭来，我几乎可以听到她的心跳。正好，在她还没有完全参观完教室前，沉默被打断了。

“那么，能请你告诉我选择上声乐课的原因吗？”我边问边坐到了她身旁。她回答道：“是为了我的男朋友。我是他电子乐团的成员。然而，我很清楚自己没有唱歌技巧……我想让声音变得更自信一些……其实我很喜欢蓝调音乐和法国歌曲，我喜欢歌手卡米耶、克里斯蒂娜和皇后乐队。”

她莞尔一笑，但笑容里有迟疑也有些虚张声势的味道。她个子很高却弯腰驼背地站着，脑袋深陷进肩膀里，仿若一个被大人训斥的孩子。她需要保护。

“你做运动吗？”

“做，我喜欢在游泳池里跳水。这有些乏味，但还好。”她说着，却好像在为自己辩解。

“你知道，在我进行声乐教学的时候，唱歌需要肢体语言来体现，因此学习的内容与身体有关。那么，当你和像你一样运动的人在一起时，你有移动身体的习惯，这样就会容易得多。你之后会知道的……我们可以上课了吗？”

我们朝教室走去，它在我租用地方的另一头。教室异常宽阔，墙壁是白色的，透着平静的氛围，这间教室专用于禅宗的修行：它也是禅宗课程传授中心，修行者在里面做从早到晚的冥想，吟唱梵文经文并举行焚香的祭奠仪式。除了偶尔几次例外，一天当中，这个地方基本没有人。教室外洗车场的噪声也很少会干扰到我的教学，所以我很幸运能够拥有如此静谧的工作氛围。如果我们稍微发挥一下想象力，洗车场水泵的呲呲声无异于海洋中汹涌澎湃的浪花，而平静却始终停留！

我们走到浅木色的冥想室前，地面上铺满了黑色坐垫，推开活动室的大门，是一处60余平方米的敞亮空间，层高5米，铺着米色机织割绒地毯。

“这就是我的大厅。这是个秘密！请不要告诉他人闹市中有一个这样的地方，他们会把这个地方占为己有的！”我和她开起了玩笑。

“这里真美，这是个让人放松的地方。”年轻女子奥瑞莉说道。

“你可以把鞋放在这里。我们要很放松地上课……第一堂课要求你重新发现身体的意识和感觉。事实上，我们要出发去探索奥秘了！其首要任务就是问候自己的身体，重获身体意识，体验禅宗大师们称之为‘回家’的感觉。在我们西方社会里，人们用脑过度，甚而滥用！但这种变化不利于我们的身体。今天，我们要重新接触身体这具乐器，要协调它，要与它产生共鸣。你对它的重视会让它感觉良好！那么请你站直，像鸟儿一样伸开双臂，并且体会这种空间带来的自由感……”

奥瑞莉顺从地闭上双眼，双眉紧蹙，尽管仍有疑问，但她却出乎意料地进入了状态。出师顺利，接下来的课程于她而言并非什么难事了。显然此时好奇心占了上风，她很快就将手臂大大张开，并放到了头顶上。我们一起回味这种前所未有的感觉：躯体欣喜地扩张了它的边界。

此时要开始慢慢重复让身体再次产生狂喜的动作。我们在学校里度过了漫长的时光，这些时光训练出了我们的判断意识。我们学习不规则动词或民法条款，所有这一切都让我们的身体成了一个无人照管的孤儿。这些岁月被用来囫囵吞枣地学习，并被迫记下法国各位君主的出生年月（很快也被遗忘了）。思维天马行空的我们慢慢成了谨言慎行的囚犯、善于思考的基督山伯爵，而在每一次的重大思考后，我们全然忘记了身体的存在。

显然，我们中的很多人在学校里“运动过”或在校外参加过网球、足球比赛。然而身体的修养却很匮乏。这里所说的修养即身体的表现、极限的突破和技艺的超越。过度关心最终张贴出来的成绩，还有所有中断思想和身体紧密联系的事情妨碍了身体的发展。

尽管我曾用将近10年的时间参加高水准的体操训练，却不记得听到过任何一句赞扬，尽管人们说这是寻找美丽的运动。我更多面对的是倔强身体的弯曲，将它带到教练的教鞭前，在无知的暴力下，让身体成为自己荣耀的工具。拿在手里的奖章最终证明此事值得一做。

这种把身体当成工具的观念和佛家思想之间隔了一条鸿沟——在佛家思想中身体变成了一座专注迎接原始能量的殿堂，这个过程中的净化仪式颂扬身体的神圣性，此两者间的鸿沟如同中国长城一样巨大！

球与细绳：悲哀的对比

然而还未言尽。著名教育家及华德福教育创始人鲁道夫·施泰纳为我们描绘的一幅失调的现代人肖像，引起强烈反响。他主动将20世纪的孩子和球比在一起：一个大球（脑袋）和一根细绳（身体和所有“脑袋以下”的部位）。这幅肖像的主要目的是用来抨击完全寄希望于智力的教育体系，它过于强调智力的意义，而对智力以外的事物漠然视之。

智力以外的是什么呢？不外乎就是器官、感觉、情绪、人们释放出的气流、能量的循环，等等，这是一个完整却又寂静无言的世界！这种对身体的蔑视极尽所能地压制关乎享乐的一切事物，于是造成的后果是几代人守着空洞的躯体，感觉陷入麻木，躯体上立着一个“大脑袋”。

如今，尽管人们意识到了这种整体上的不平衡，但从某些方面来说态势仍不尽人意：对于成千上万的青少年来说，一个嫁接在手上的电话似乎与生俱来，如同他们躯体的延伸部分。他们一定是在身体里得到了一个额外器官，而且还变成了虚拟新型娱乐工具的囚犯。他们可以做到将机器时刻拿在手上并凭直觉使用！

然而只要一涉及需要思考的真实生活，未战已先输，接收到的刺激掌控一切并对此做出回应。一条短信来了，智能手机主人的手伸向手机抓住了它。意识并未起作用：场景以自动模式发生，身体的存在与否并不重要。电视和因特网扮演着相同的角色，它们让身体永久缺席，而手机使用者们早已鬼魂附身。何出此言呢？我们用这个例子来加以说明：我们沉浸在电影的情节里，主人公打开了一瓶清凉解渴的苏打水，而广告中断后，我们也打开了冰箱，像一个被遥控的机器人一样。

虚拟，是“造假”的另一种说法，它在意识的暗河里给人们留下了生活具体化的可能性，因此人们乐此不疲地尝试，将戏剧中的人生过得有滋有味。个人生活在社交网络上上演，同时也产生了一种幻想的真实感，而人类的自然进化再无立足之地：我们更需要逐渐学会接受底线，学会发展潜力，学会和自己的身体和解，这才是人类本该有的样子，而不是我们想象中的模样。

即球的形状——大脑袋，外加小身体。鲁道夫·施泰纳非常关注的形象从此以后可以用氦气来填充。氦是一种很轻盈的气体，轻盈得如同虚拟世界一样，肤浅而让人想入非非，总是似乎近在眼前，实则远在天边，遥不可及。

躯体为何会缺席？

那么为什么“回到身体”如此之难？因为身体和真实紧密联系在一起。身体以全然实用主义的方式呼吸、消化食物、鸣响，并体验情绪（害怕、快乐、恶心、希望等）。如果我们稍加注意，就会发现身体内部可以感受到这些情绪。很多广为流传的词语和名言就可做证，比如众人皆知的“忧心如焚”或者“深受感动”，还有“爱情使人盲目”（激情和理智无关，这个表达很形象）。

所以，身体和情绪是紧密相连的。将身体与自我隔绝，可以小心翼翼地避免一切消极情绪，并永远停留在事物的表象上……直到某天身体追赶上我们，将它藏有秘密的身心痛苦释放出来。这常常是深陷压力的情形，是尚未表达出来的忧愁，是对日常的突然不适，继而可能引起慢性高血压、胃溃疡或反复发作的湿疹。没有被聆听的情绪发出了诸多信号，使出浑身解数要找到发泄方式。它找到身体，身体并未漠然视之或保持冷静，而是全力以赴地向我们传递信息。它跺脚、反应、用它的方式呐喊，只为敦促我们行动起来。从某种意义上来说，身体打破了它自然的沉寂状态、它原本的和谐之势，只为向大脑发送改变状况的请求。

但是人类常常无法应对这种请求。在学校里人们并未学习过如何管理情绪，也不知道思维的运行机制，人们害怕被这样的请求纠缠，于是选择自我隔离。这得益于现代社会具备的一切摆脱困境之法。胡吃海塞的善饥症、各种成瘾症占据上风，而其他的缓和办法也使自我从泛滥的情绪中隔离开来。在残留的反射下，身体被遗忘了，因为我们不知道如何是好。更何况，在饱受创伤的情形下，这一切就自然而然地发生了。

战争、强奸或严重车祸的受害者可以证明他们与饱受痛苦之身的决绝，因为这是唯一一种让他们能够继续活下去的方式。基于类似的原因，医生有时需要创造与痛苦分离的环境，同时建议病人逃避在愉悦的记忆里，这样才能使治疗——如急诊外科的治疗——介入。可这种方式主要是针对严重创伤型病患的。治疗者需要考虑到病患的生活本身就是一种创伤，另外后者也需要借隐藏了诸多痛苦的身体来存活。

所以，几千年以来，智者们所提供的回归身体以及学习管理消极情绪的方法是大可借鉴的。下面我们就来说说这些方法。

为了重新接触身体而学会感受

自由之路

世间所有的修行与哲学皆致力让人学会感受，此乃自由之道。而其最高境界的确是让人在面对情绪时能应对自如，并深谙此理以重觅更好的生活。如果抽离身体的感受（习惯使然或修行不够），我们就与那些幸福时刻绝缘了。比如淋着夏日的雨，前额感觉清凉；兴高采烈地蹦跳起来，发现有一种可以使整个身体活跃起来的能量；品尝一道菜肴，眼睛因快乐而湿润；感觉到泥土和腐殖土的芳香钻入身体的细胞里；像猫咪一样在草地上伸展四肢继而用四肢爬行，鼻子贴着地面嗅一嗅草地的芬芳。

身体会因此而获得快乐。

我友善地提议你想象一下我刚才所描述的一切。因为它还有更深层次的意义，即身体的参与是唯一可以使我们与当下合而为一的因素。

当下与身体合而为一。言尽所有。生活于此时此地需要真真切切地感受到身体的存在。与身体分离其实是生活在别处，生活在虚拟中，在理想世界里孑然一身。

情绪皆为感觉

就此论点而言，心理学各大学派唇枪舌剑，久久未能平息。某些学派主张让大脑中的情绪释放出来，比如我想念一位逝去的朋友，于是我感觉到体内的悲伤。而其他学派则提出相反意见：这是一种引起太阳神经丛不适的感觉，我的大脑急于分析，意欲找到原因。今天，这些问题迎刃而解。两种学派皆有道理。有时是这个学派，有时是另一学派占据上风。除了中庸之道不太让我欣赏外，这两种可能性都有一个共同点：重视身体的感觉。无论面对什么样的情况，人们都有意或无意地考虑到身体带来的影响。

就“大脑”内容而言，我们已经了解到人们用图像、“内在的小小声音”或身体感觉（参看第三、第四章）来思考。

而今天我们要谈到的是最后一种情形，我们也将其称为“运动觉”。你可以闭目片刻来感受它（阅读完下面几行文字之后），并将注意力集中到身体上。随意感受身体不同部位的存在，知冷知热，体会跳动、循环和轻重等。你的身体里还有特殊的情绪吗？假如有，它在哪里呢？你只要用一点儿时间就会发现整个世界完全对我们开放了。如果你有不悦的情绪，请迅速停止练习。如果你感觉愉悦，那么请你好好享受，并与人分享！

你可能已经发现了这种思维模式。有的人青睐这种方式，身体得到种种益处。他们注重穿着面料柔软的服饰。若没有见到对方，不会酝酿任何人际关系。对于一个“运动觉”发达的人来说，若和对方没有手或其他肢体的接触，他会将其理解为“拒绝”之意，他会感觉百般不适。在我们这个以视觉感为主导（无须接触）的西方社会里，“运动觉”发达的人在生活中处处碰壁，他因此而感觉痛苦，却无法明白个中缘由。于是他慌里慌张地想要做些改变，却又将拓宽眼界的真实感觉与人际交往的感受混为一谈。

将情绪转化为什么？

学会体察身体的感受可以借由这些不同的练习：它们有的具体又实用，有的则偏重于精神修养。无论选择哪种方法，修行者都可以从这些练习中重新发现其与身体的关系，并让其放松下来。另一种节奏进入身体里，静默与平和也重回身体。

修行模式：无门槛进入

尽管你对此心生疑虑，但这却是我最青睐的方式！事实上它不仅单纯地促进个人发展，甚至据先知所言，还可以对菩萨或天使以你相称。我们只能信其有，因为佛教里的菩萨（类似天使）就是我们芸芸众生！

每个人天然是天使魔鬼的混合体，所以真正的天使或者菩萨，一定是有血有肉的凡人。修行之道除了“再”发现我们的“原始本性”，即传统上称之为“慧根”的东西，别无他路可走。每一个人都拥有慧根，每一个人都是法力无边的佛祖、天使，或是奇迹。然而我们理性思维的不透明帷幔常常隐藏了这样的精彩与绝妙。

修行之道提议你改变一贯的生活模式：为我们的生活增添一种显示剂，用以充分展现我们的身体。比如洗出的照片就是闪闪发光的显示剂。这是“我们自己”的最好视角，无非是启用了发光的天使模式而已。

那么这个具有奇效的显示剂照亮了日子，也让我们的菩萨或天使本性突现，它到底是什么呢？从本质上说，我们只是欣赏无条件之爱过滤后的“简简单单”。

显示剂使用指南如下：无论何种情绪出现，请留存它，让其自行消失却不介入；观察突发的情绪，无论它的程度如何，也无论它存在于一个还是多个身体部位中，顺其自然，看其消逝；要做到听之任之，需要具备无条件怜爱情绪的内省态度；我们要张开双臂迎接所有穿越身体的情绪，无须评判、拒绝或维系它们。

通常，各种发泄方式让我们拥有一种“伎俩”，可以改变让我们不高兴的事物，并倾向于让我们高兴的事物保留。我们会试图摆脱焦虑、悲伤或压力。当然，这合情合理，在后面的文字中，我们也会指引你朝这个方向行走。然而修行之道要求更高。它主张将自己置于事件中心，并任凭内心惧怕逐渐瓦解。

这是寻求勇气和果断的骑士之路，也是和解、休战、接受所有构建“我”的事物的过程。“好”也可以成为“坏”（我主动将这两个形容词加上了引号，是因为生活经验常常告诉我们：万物变幻莫测）。要迈出的第一步就是相信自己的直觉，开始时喃喃细语，之后越来越大声："你真了不起！这太棒了！凡事皆有可能。"

然而再具体一些，我们到底在说什么呢？

练习

静坐，重拾体内被感觉到的情绪。无须抗争，也就是说停留在简单观察层面就好，以无门槛的内省态度来审视它们。像一面好奇又巨大的镜子一样观察一切，任凭它们迅速出现和消失。这里，我们又提及无条件之爱的概念，而这种接受一切的能力造就了一个人的全部。

爱的回馈

对你而言，你只有在感觉到这种最温柔的爱之后，才可能用你的体温小心翼翼地呵护其他情绪，于是你通身都会流露出快乐。

秘诀

在强烈情绪袭来的情况下，轻轻触碰，随后观察。继而有意地让你的腹部呼吸，反复几次，“观察”就会启动，但如果它没有被有效利用，情绪反而会上升而不是消失。这里所说的并非真正意义上的观察，而是一种聚焦于“内在”的形式。而这样的聚焦方式缺乏应有的空间，只是体内循环封闭的观察，没有连接我们周围的空间，故而会失去平和。

小小友情提示

佛教信徒皆在导师的指引下完成集体修行，因为他人的帮助会让人安心，并鼓励我们勇敢面对内心恶魔。

生命之轮

萨满把物质生活、精神世界，地球或者上天联系起来，并借助祈祷或乞灵，重新编织了生命的彩锦，并将我们生命的两个极端重新联系在一起。在以下的练习中，我提议你变成自己人生里的萨满：和你的身体重建联系，真正地住进你的肉身以释放情绪并感受到自由。仅此而已。

学习催眠疗愈的时候，我发现了这种神奇的方法，并且立刻就将其付诸实践。它使诸多内在矛盾或痛苦释放出来，并让其他事物进入身体里。

练习

坐在不受干扰的静谧之地。慢慢回忆你想替换当前情绪的愉悦情绪。比如你可以回忆生命中最美好的一段时光，以便寻觅到这种愉快感。那么你现在的情绪是什么样的呢？身体在何处感受到了它的存在？你回想一下，只是单纯地回想就能重拾最初的感觉。这个过程也许会占用两分钟的时间。接下来既要与身体联系，也要接触有时会出现并限制能力的负面情绪。该情绪在什么地方？它占据了体内多少空间呢？

现在我们要进入生命之轮。如同该词的词源所指出的那样（e movere：运动的事物），情绪是一种运动。你体内的这种情绪，你可以鼓励它再次启动，并让它自动旋转，慢慢地，反复地。之后，提速运动！同时感觉它的影响正在扩大……但只是暂时而已。

备注

某些时日，在不悦情绪消失以前感受它的存在是极有必要的。通过此举，即这种运动的启动，我们可以重新获得拥有感觉的力量，并使能量重新发挥作用。这是生命之轮的第一个作用：使人们走出停滞不前的事物，摆脱情绪困境，并注意到泥浆沉淀在沼泽里时，表面的水重回清澈之态。

此时需逐渐放慢加速的情绪循环运动，并感受慢慢刹车的效果：它的控制力正渐渐减弱。

然而不悦情绪并未立刻离去，因为它其实也会害怕陷入虚空。生命之轮会让你陷入消极情绪或感觉中，但它也潜藏着另一种更加愉悦的体会。何出此言？既然不悦情绪消失或至少是缓解了，那就用另一种方式激活生命之轮。

任随有益身心的感觉从内在涌现，任随它慢慢浸入各个部位。享受、感觉并观看这个过程。如果你现在已经启动还在飞快旋转的轮子，那么情绪自身会迅速繁殖，直到你全身皆是幸福、快乐与舒适感……你需要做出恰当的选择。

至于我，我用哈哈大笑来主动结束这个练习。大笑会释放出很多能量，并带来难以计数的快乐和身体抖动。

回馈

这个经常实践的练习，除了为你消解掉绝大多数的消极情绪以外，还使你得以和身体重新接触，并培养出重要的自我认知能力。这是一种兼具训练注意力和学习能力的练习，由此我们获得了新生，在进化的道路上迈出了坚定的一步。

秘诀

此练习的秘诀在于使两种天差地别的情绪轮番上阵。同样，你要用时间来激活你的积极情绪，也就是你存留在心底的美好记忆。视觉化这些记忆的所有细节，沉浸在幸福的海洋里，然后走进生命之轮。

小小友情提示

催眠疗愈时，我常常实践这个练习。它使我可以收集到众多的“消极”情绪，并与它们共舞。你可以从日常生活中困扰你的琐事开始，然后陷入更强烈的情绪里。如是，你便从一开始就顺利进入，并且渐渐进入状态。

碧娜·鲍许的方法

享誉全球的舞蹈家碧娜·鲍许的原则是让所有人都能翩翩起舞，无论年轻人、老年人，俊美者、丑陋者，黄种人、黑种人、白种人……舞蹈没有边界。她创造了振奋人心的表演模式，表演之人需全情投入，将自身的丰富性与脆弱性一展无余。与碧娜·鲍许共舞，无须用腰部做作地撑开短裙，也无须穿着尖头鞋忍受脚被禁锢的痛苦，她的舞蹈只需要你自由的双脚和柔软光滑的服装。我们的人生也因这样的舞蹈而变得美丽。这是一种放大了的艺术，它将神圣注入日常。

将神圣注入日常，也许就是我们孜孜不倦的追求。的确，将我们的生活想象成艺术品，还有什么比这样的追求更令人心生喜悦呢？它如同用一招一式创造出来的舞蹈作品一样叫人沉醉。

那么今天，我提议你练练舞蹈，即使动作最笨拙的那个人，舞蹈也会为其留下一席之地。既然河马都能优雅前行（参看迪士尼出品的《幻想曲》），为什么我们人类不做些改变呢？何况你翩翩起舞时，并没有观众在场（建议独自跳舞），所以你绝对可以洞察一切！

我是在神经语言规划学的课堂上发现这个练习的。它的趣味性和有效性说服了我。从那时起，我便在疗愈中频繁向患者推荐它，然而我没有忘记告诫自己：只有在暂时的情绪困境中才可以实践它。

练习

记住一种不太愉悦的感觉或者情绪，并且联想起当时的情境，说出一句象征该情绪的话语，比如“我受阻了”“我很紧张”“我很伤心”，然后开始跳舞并一直重复这句话。为你的舞蹈动作留出空间，比如可以像大雁飞翔一样自如地伸展手臂。在两三分钟的时间里旋转、起伏，保持动作流畅并一直重复那句话。你可以选用一段悠长又怡人的音乐来助兴：比如，一曲小小的莫扎特小夜曲就再好不过！

秘诀

消极情绪是一种停滞不前的情绪，时时让身心受阻。我们要重新给予它动力，让它运动起来，然后改变它的轨迹（重新指引它），释放它，使其他感觉进入体内。身体动作的流畅其实是内心愉悦的反映。

效果

一段时间后，你会注意到那句话，并注意到和它相关的情绪已失去了力量。比如，在伸展情绪翅膀之际，已很难感受到阻力的存在。在做柔软、缓慢、起伏的动作时，愤怒早已销声匿迹。两个舞蹈动作之间没有重叠，于是改变也随之而来。这么做的目的是让你的大脑发现这还有一点儿意思，并“紧张”起来。

小小友情提示

为将生命重新放入我们小小的被遗忘了很久的躯体里，一切遂如人愿。你尽可以跳舞、跑步、在草地上打滚或雨中漫步。或者如猫一样伸展四肢，在舞蹈动作中感受到酣畅淋漓。所有这一切都是为了摆脱我们自动生成思维的器官（也就是我们称之为“脑袋”的东西）的影响。只有这样，你才能重新感受到风吹过脸庞时所施展的魔力。

静音的身体

静即含动，动不舍静。

——王夫之

茶道

在日本做禅宗避静修行时，我有幸参加了里千家的茶道课。这是一种真正的修为之道，浸润了日常各个层面。学习茶道，我们需要到一个富丽堂皇、花园环绕的茶厅里。我本可以在花园前逗留数小时，然而我常常察觉不出这样的兴致来，因为比丘尼们叮嘱过我要将早晚的活动连贯起来，方能体现出修行中身心的健全、奉献和忘我。茶道课由一位70余岁、身材小巧的比丘尼传授，她每周来寺庙两三次。

下课已是约3小时的茶道讲解后了，我们的腿备受煎熬：保持正坐姿势（膝盖跪在榻榻米上）如此之久，连我们当中最有毅力的人也心有余悸。但这不是重点。茶道经历了几个世纪的传承，一直沿袭着精准的动作。

这是时间观念以外的仪式，它赋予了细节极大的重要性，而在当今绝大多数的学习中，人们所缺少的正是这样的茶道精神。因此，茶道是过去的延续，我们被带至久远的过去，以崇敬之心致敬如武士刀一般锋利的精确性。

每一堂茶道课均让我受益匪浅：泡茶、掌握动作要领并体会其优雅性。比如进入房间里，打招呼、洗茶盏，身体的每个动作皆有定律，皆为教化，既不要太过，也不要不到位。沉默中的动作精细入微。我很喜欢转动手中的茶盏，摸一摸具有光滑边线的古木物件，观察茶主人动作的流畅性，我会从中获得灵感，也会用外面水盆里的竹瓢轻洗手指。此绝妙至极！

每一个动作都如同一首寂静无言的诗歌，让即刻得以突出。身体于是演变成和谐的工具。它没有与其他事物发生冲突，而是与它们融为一体，它敬重物件，抚摩空旷的空间，且将时间的流逝淡淡装点。

将日常充满仪式感

重返法国寺院后，我尤其重视自身的动作。很多动作是修行者向传统的致敬（身体向合十的双手倾斜），诸多俯伏身体、出入房间的动作我越来越熟练……然而社交生活中的动作与此大相径庭。我谨建议你注意以下几点，让这几个简单的动作住进你的身体，与你融为一体。

学会关门

你当然也要学会开门！其实我只是想提议你在静音中完成开门或关门的动作。不要让门发出任何声响，制造任何噪声，而是很艺术地将门关上，缓慢而小心，要想做到这一步需熟练掌握动作的精髓。还有，你如此关门的时候，也极大地减少了城市里的日常噪声，有益于他人。一举两得！

诚意满满地切菜

你可能会迅速完成这个动作。这是一个你在烹饪之际，真实感受自身动作的良机。厨房是一个理想的地方，因为混合着各种香料或芳香剂香味的气味在这里弥漫开来，让你品味当下的时刻。在白日退去的静音里，每一个动作的完成都需要满满诚意。

你会在厨房中寻觅到优雅的缓解方式，就在你闻着准备好的饭菜的同时，平静也如约而至……我在以前的文字里描写过理想场景：没有孩子们的吵闹，没有工作的压力，也没有抱怨的另一半，有的只是时间，是的，准备做饭的时间……这是梦想，不是吗？

事实上，日常的真实场景远远没有这么平和。然而我说到的诚意满满的行为并不需要任何特殊环境。它可以在一天的尾声中，在充满激情的氛围里，在拥挤的家里或是街上完成。它可以只持续一分钟，比如停下片刻以便给孩子擤鼻涕，然后再重新开始行走。这样的仪式需要经常实践，一定要常常实践，这很重要。从小动作开始，你的思维会习惯一种新的存在模式。你奠定了日常修行的基石后，智慧就会如影随形。

PARTIE 3

La pratique du silence

第三部分

静音实践

“宜静默，宜从容，宜谨严，宜俭约。”行动起来，把生活调到静音模式，找到我们在这个快节奏的世界中所需的平静和舒适。

第六章

居家的静音疗愈

居家或身处异地，如何以最佳状态在一两天内断开网络？为什么不进行一次静音疗愈呢？老实说，这个想法很容易实现，我可将藏匿着的几件宝贝双手奉送给你，以便加速你的进步。

你在后面的文字中会发现我罗列出的各种方法，它们将贯穿你的疗愈。这只是一些简单的建议，但它们来自各位练习者的切身体会，你可以根据自己的状况进行选择。如果你在一天中只能独处几个小时，那么一定要充分利用静音疗愈前的准备工作，这样可为你创造良好条件。

无论你的情形如何，静音疗愈将持续三小时或两天的时间，你将带着虔诚之心进入庄重的静音氛围里，并全神贯注于其中，这只会对你百利而无一害。

准备

一切始于静音疗愈前夜或几天前。自己要做出决定，要让自己投入体验里，内心要做好改变节奏的准备，同时还要利用几样工具或随身携带物，让它们陪你度过静音修行。

克服内疚感

几年前，我有幸和一位充满智慧的女士一起参与了一场精神分析疗法。这位女士叫加布里埃尔·巴斯蒂安。我向她讲述了某一天的生活，并再次哀叹自己不能成为一个完美又深沉的人。她莞尔一笑，带着几许嘲讽地说道：“可是坎吉育，你告诉我的是一个70岁老人的故事，她历经千辛万苦，终见天日。而你只有28岁，你得给自己留些学习的时间！”她的话语产生了一种利于身心的强烈效果，我立刻终止了触摸遥不可及的事物的行为。

或者换个说法：我决定慢慢走向理想，逐步前进。这就好比想要攀登勃朗峰的人：如果他穿着凉鞋很快就踏上了雄伟的高山，他很有可能会受到剧烈打击并立刻感觉坠入深渊！但是如果他花时间训练，购买合适的储备物资，研究地形，那么山脉会依次呈现在他面前，挑战也完全可以实现。总而言之，有计划地安排事情，并且接受自身暂时的不完善。

为了让你投入静音疗愈中，我们从这里开始建议你克服内疚感！克服过于紧张、不够炫酷、没有成为好父母等诸如此类的内疚感。你将在一种“不完善”的状态中开始疗愈，往其他事物走去。此乃常态。有时我在报告会上跟观众讨论时会听到这句话：“啊，不，冥想不是为我准备的，我做事雷厉风行！”然而，冥想正是为你量身定做的！冥想并非针对平静沉稳之人，事实上恰恰相反。静音修行就是如此，它教我们静坐于所谓不完美中，并诚心诚意地拥抱它。

即使你心存内疚，也可以开始静音疗愈。比如，你没有好好照顾孩子、亲友、上了年纪的父母，没有做好工作，或是没有办法解决非洲的贫困问题；你或许会因为自己太敏感、太懒惰、不够酷，不能让人产生信任感而倍觉遗憾……我想告诉你的是，这种内疚感、不适感也许就是你在静音修行中要克服的情绪，甚至这种情绪可能会自行消失，它会像火焰一样突然吞噬了所有木柴，随后灰飞烟灭。

美食

从喧嚣过渡到寂静无声是一个挑战，隐藏这一点毫无益处。改变也许发生得很突然，甚至会让你失去平衡，所以你需要一些天堂或尘世的食物，以伴你修行。

作为补偿的美味食材

除非混淆了静音疗愈和斋戒（我们偶尔疯狂一下！），否则在静音疗愈期间，你需要准备几顿餐食。我不想过度热情地提议你去仔细照料食材，并将它们变成让你快乐的东西。修行开始前的几天，你需要寻找原生态和美味的食材，享受它们娇嫩欲滴的状态，并欣赏它们缤纷的色彩。你要认真选择食材，不仅要考虑它们的营养成分，更要注重它们的口感。

保持安静、放慢速度是一种困难的修行，然而快乐会在修行中悄然而来。餐食意味着两个苦行之间的一种补偿，并提供单纯的快乐。有了美食，修行者便能在付出和满足之间自如切换。

这些美食的确可以视为成功疗愈的象征。因为如果你已经体验过的静音疗愈方案非常难以进行，那么你一定会气馁到想要放弃。心理学家米哈里·契克森米哈赖（他有一个很难发音的名字）在他的著作《生活——幸福心理学》中曾诠释得非常到位。

在几种文化和几代人的横向研究结束之际，这位研究者发现了普遍幸福的秘诀。我诚挚地请你研究一下这部很有意思的著作。简而言之，我们的生活里要有寄托、欲望和愉悦身心的目标，如此才可称为万事俱备，只求你为了达成这些目标而做出一点儿努力。

《生活——幸福心理学》一书解释了一种介于努力和快乐之间不停实践的步骤，这是我们在静音疗愈中推荐你要做的事情。比如，用你所说的方案进行20分钟的静音练习，无所事事，一开始可能非常无聊，但紧接着是享受作为补偿的可口餐食（静音疗愈方案稍后你会读到）。

有精神食粮之效的启发性书籍

就这个主题而言，你仍然拥有选择权：你可以认真阅读《交际新工具》这部巨著（你的领导一定会高兴的），或者读读放在客厅茶几上的几本具有启发意义的小作品，它们不仅能提供多元视角，还很引人入胜。

静音疗愈数小时后，我们的思维更能接受新生事物和观点的改变。也许这时候该为它补充一些有营养的研磨谷物，即著作中关于生命意义、人类灵魂的解读，或是不同系列的心理学读物和游记。选择权交给你。

如题所指，在本书的尾声，我会为你提供一份具有启发性的小读物（和视频）清单。

设置底线并通知身边之人

某些寺庙里的修行者如此行事：他意欲用几天的时间沉浸在无尽的静默中，于是会在自己的衣服上粘贴“静音”标签。如是，和他一起修行的人会在他修行期间小心避免与他交谈。如果你在家里进行数小时或数天的静音疗愈，为什么不采取这种方式呢?

如果你要在亲友间采取这样的做法，那么你务必要明确自己的选择。设置底线、进行解释，并告知他们你和你身边之人所期待的疗愈效果。你也许要面对批评或嘲讽。我友善地提醒你：请保持淡定，任暴风雨来去匆匆。

你也可以坚持重点，漠视敌意：你不需要战胜别人！其他人也许会不同意或不理解，但这不重要。重要的是设计好你的静音疗愈方案，慢慢且笃定地实施。

收纳数码产品，消除既定程序

我们终于迎来了静音疗愈的重头戏：数码产品的避静。为了完全进入静音状态，你需要关闭常用的通信工具，如智能手机、电脑、座机、平板电脑，等等。

改变我们和世界的关系

按下关机键，突然就会感觉到和世界的关系完全不同了。很多年以来，我们已经习惯了使用2.0版的网页与世界进行永久连接。人们因此而安心，因为他们感觉不那么孤单了，有很多围观者，他们是集体的中心。

我认识的某些人，每日发表着他们对世界的看法，并因此找到了人生的意义。我无意诽谤新科技和数码平台的优点，然而在静音疗愈中需要疗愈者形影自守。只有这样他才能真正安静下来，并且获得一种与自己独处的新方法。

一次成功的静音疗愈是需要你完全断绝网络的。关闭手机或电脑，在一段让人抓狂的时间后，品味你重拾的自由！

你需要怎么做呢？你可以在推特上宣布自己即将进行静音疗愈（仍要用到网络！），然后将所有的数码产品放到远离视线的地方。你坐下，呼吸，面对身前之物，并睁开眼睛。你也可以走近窗户安静地看看窗外发生的事情。断网可以让你重新聚焦于当下的自己，聚焦于你身处的地方。无论你身处何方，请快点儿行动起来！这个简单的动作本来就很让人放松。

社交网络和通信工具的应用软件其实给人们营造了一种永久紧张的氛围。这些形形色色的工具进入了我们生活的方方面面，并阻止我们体验当下的人生。许多人就这样与经过的时间失之交臂，他们虽然与我们同在，却在思考他们用来连接世界的方式（图片、文字、推特，等等）。这是一个信息爆炸的社会，停留在这个社会里，仅是单纯地存在，已没有任何意义。

关闭各种数码产品，在虚空中度过一段时间后，另一种和世界的联系应运而生，它会让你深切体会到舒适。就让关机的行动始于静音疗愈前夜吧！

消除程序

在静音疗愈的前一夜暂停你的虚拟世界（因特网）。你可以做各种事情来完成这个任务，尤其需要通知所有人：

- 在你的录音电话上留言。
- 激活邮箱的自动留言功能。
- 给你的家人和朋友打一个电话让他们放心。

做完这些事情后，你就要开始有一举两得之效的静音疗愈了。你的思想会开始放空，以便你将注意力集中到别的事情上，而且你自己也有义务执行静音模式。在网络平台上向网友们宣布了你的计划后，的确很难中途停止，否则大家就以为你是个爱说大话的人。

我认识一位为了这个理由而戒烟的朋友。他在戒烟问题上对所有人夸下海口，于是很难在众目睽睽下重拾香烟。在你告知了人们你的静音疗愈计划和时间后，你就沦为了它的囚犯，而且你要强迫自己坚持到静音疗愈结束，尤其是要在几天内保持安静！不仅如此，旁人在了解你的计划的同时也产生了好奇心，而且你身边一定会有效仿者。其他人会趁此机会向你打听静音疗愈方法及其效果，你便能将这种有益健康的精神传播开来：果然是一举两得！

实践

无论你的静音疗愈持续一天、两天还是几天，这里有一些零星的建议提供给你，或许会对你的静音疗愈起到一定作用。当然，你无须体验所有的提议，只需用心研究其中几点就可以。过高强度的安排很可能会适得其反，将你日常生活里面对压力的状态也引入静音疗愈中。

此外，从长远来看，静音疗愈的安排未必是必要的。显然，它是使人安心的指南，可在几次相似的体验后，比如在你的第10次静音疗愈结束之后（是的，我们已经习以为常了！），你会很乐于无所计划，并自在随性地生活。要达到一种让人羡慕、充满智慧的状态，我谨在此为你指出几条道路，旨在让你自由享受寂静的空间和放慢的时间，同时也用心体会一下几位发起人的经验。

无所事事以及望向窗外的艺术

有一次，我在印度避静修行，闭门幽居了近一周的时间。请你放心，我是心甘情愿“自囚”的。我体验了一种在印度被称为印度滴油（Shirodhara）的、使用药草来进行疗愈的传统项目。在滴油疗愈期间，病人需接受深度疗愈。他们将有温度的精油涂抹在身体上，尤其要抹在前额上。修行者需认真地除去前额上的污垢，从右到左不断涂抹。滴油疗愈将持续数分钟，于是身体内部产生了如同回音一样的，类似于催眠的摆动。

从某种程度上来说，滴油疗愈里的每一个细节都是以还原细胞初始状态为目的。这种经年积累的技术竟然让我想起了二指疗法，在病人进行滴油疗愈的过程中他会享受如同新生儿一样的待遇。因此，他必须待在自己的房间里以避免发生“感染”。

接下来，另一种体验开始了。我坐在窗前，自娱自乐地看着小山羊、奶牛、鸟儿纷纷登场。我感慨万千，自问何时才会万物消停。坦白说，大部分时间里，地平线上除了几棵纹丝不动的树木巍然屹立以外，真的什么也看不见，甚至连一座给流逝时间打节奏的大钟都没有。除了一把不舒适的椅子、一张床、一个几乎空空如也的衣橱和我的万千思绪以外，什么都没有。

我的这次避静持续了4周，其间发生了很多事情。闻所未闻的邂逅，让人沉醉的印度教思想、场所和难忘的人物，很多离奇的事情可在无聊的漫漫冬夜叙述。除此之外，我印象中在窗前度过的时间却平淡如水，然而也正是这些在窗前流逝的时间让我获益良多。

无所事事，也没有朋友推心置腹，在我的人生中我第一次感觉到了虚空的无边无际。在那个时候，很多重要的事情突然变得不足挂齿了，生活出现了另外的层次。4周里，我从不悦过渡到了消沉，继而经历快乐，最终抵达深沉的平静港湾。这一切得益于全然的静音状态：言语、眼睛、动作和思维。

而你，你可以在开始的时候用30分钟或1小时待在窗前，用秒表计时，让自己真正地放空片刻。也请允许我诚挚地祝愿你享受一段深沉的无聊时光！

安静进食

安静用餐是一种幸福！每天我们都在寺庙里做这件事情，我用这些从大拇指上吞下的午餐（印度有手抓饭的习俗）来比较在酒吧角落或者火车站台上吃过的午餐，发现在安静进食的过程中悄然发生了很多事情。

首先，我意识到我们有幸在全球70多亿人中食可果腹，这是非常重要的。很多修行导师在用餐前皆会建议大家感恩所有使一切变得美好的条件。这已经超越了任何一种宗教信仰，我将其视为崇高的修行以致敬桌上的美食。在我的侄子们很小的时候，和他们一起进餐时，我们总是合上双手说："感谢所有为提供美好餐食而默默奉献的人们。"在此只有一个小小的提醒，如果我给他们上的不是炸土豆条，小客人们也不会做出撇嘴之势，想想吧，这些餐食来到桌前并不容易。我们安静用餐，偶尔开怀大笑，那样的场合真叫人难忘。（当然，在不同的日常场合里，父母的任务要简单得多。）

我还未说完。安静用餐使我们可以品尝菜肴，发现其中的味道，并且慢慢咀嚼食物。认真进食，慢慢享受每次食物入口的过程。消化变得容易了，呼吸越发平和，我们可以默默地感谢厨师的馈赠！

最终，我们在平静中享受了餐食的美味，体内的器官也以最佳状态工作着。如果腹部放松了，它会运行得更加顺畅，还有什么比得过让自己在静音时间里放松一下呢？甚至，根据一些入教传统，此时，即人们的真诚表现出来的时候，我们就要接纳发自内心的微笑和闪闪发光的能量，以强固我们的身体和已然拥有的状态。

走出家门，一切却已不同于以往

做自己城市里的游客常常会产生奇妙感，如同视觉发生了变化。有时，我也经常变着法儿地在城市里行走，要么抬头仰望天空，要么乘坐游船。静音疗愈不要求你一定要深居简出，只是换种方式修行，你要有意识地将自己放置到缓慢节奏中。

我曾在第三章里建议你做几个与眼睛有关的练习。它们完全适合你的静音疗愈，内在与外在的两种能量也因此发生接触，让你游离于家里和户外生活的两端。因此，我们所说的不是要你在外面过日子，你无须对此怀疑。只是向你建议几种休闲方式、几种发现世界的方法，同时你也因内在静默而丰富起来。

在户外，你要强迫自己缓慢行走，要经常停下脚步，抬头看树或看鸽子，要学会品尝这种前所未有的快乐。当所有人都在拼命奔跑的时候，你却优哉游哉！

记下心得，只为今后

在这几天或几个小时中，你的脑海中闪现出很多想法或感觉。获取意识，询问，产生欲望，调整。记下某些想法是非常有用的。开始的时候，尤其是不悦情绪出现的时候，花时间记下一切，哪怕笔迹凌乱不堪，也无须考虑，只是将事情记录到纸张上，让你从情绪中缓解，这已足矣。你不妨试试。随手拿起记事本来书写，这本身就是一种发泄方式。负面想法被记到了纸上，离自己远了，脑袋也轻盈多了。

接下来，你可以拿本子总结或记下你寄予厚望的未来生活的方向。我再次提醒：当你写下一切的时候，一个行动已然付诸实践了——这合乎逻辑——这已不是夸夸其谈了。我们迈出了走向梦想和实现梦想的第一步！

你的静音疗愈结束后，如果你需要重新找回情绪、感觉和体验过的舒适感，你就要经常重读笔记。它们已经深深植根于你的日常，这是一种资源。你的笔记本也可能是你力所能及的事情的象征，但至少你邂逅了全新的生活，或者它就像一支离弦的箭，继续填满你的思考，继续翻动下面的书页。

再者……

冥想，唱歌，跳舞，烹饪（参看第五章），或者进行之前的章节里描写过的其他完整活动。

祝你静音疗愈顺利！

第七章

行为静音

地球：极其包容的母亲

印第安人，与清晨的星星同起；
此时，漫无边际的神秘
赋予我们祈祷的时间；
此时，鸟儿没有鸣叫；
此时，我们的母亲——地球还在酣然入睡。

——印第安人

这首壮丽的诗歌是我于几天前在视听国家学院（INA）的网站上收集到的。这是一个50来岁的印第安人口述的。他不无伤感地讲述印第安人在现代社会里修行的种种艰难。采访出自1976年拍摄的新闻报道。他刚刚走出困境，而在美国北部的印第安人还在为保留他们的土地（有石油）而抗争。对我来说，这条信息已包罗万象。还有什么比每天早上起来脚踩大地、观看日出更重要呢?

不幸的是，很多人似乎更喜欢做其他事情：购物，用篱笆围田，建立工厂，驯服自然……在我听到印第安人的发言后，我觉得自己不那么孤单了，我和他们一样因社会演变成今日的局面而感到悲哀。虽然悲哀却又保持了乐观。的确，良性发展比比皆是。世界各地也发起了抵御、疗愈、简化和放慢速度等倡议。

我常常把地球想象成一位母亲，她温情脉脉地注视着分散于五湖四海的孩子们，他们一直在制造无节制的混乱。他们奔跑、互殴、挖掘、捕鱼、掩埋垃圾，等等。他们太淘气，连地球母亲都不知道怎么关心他们了！当一切陷入混乱的时候，海啸、火山喷发、地震便突然而至。在孩子们重新出发去玩耍之前，地球母亲在小学校园里重建了秩序。以世间万象的变幻来看待人类的行为，我看见了作为人类的我们，就像是不安分的孩子，渐渐从犯下的错误中吸取教训。尤其在每次我们中有人摔倒的时候，地球母亲总会在接下来的时间里向他人解释如何才能保持站立。有的人听见了，有的人没有听见，她需要重新解释，但她不愠不恼。路漫漫，地球母亲何其包容！

于是今天我突然闪过一个想法：如果我们到了理智的年龄呢？如果我们走出母亲重建秩序的校园去上中学呢？如果地球母亲与地球人的部落重聚，她将会看到人们在开心玩耍，在勘探新领地，在创造新世界，而她也会心满意足！

回归简约

正常说来，从阅读本书伊始你已经在进步了。（如果不是这样的话，那请加快步伐吧！开始读书！我们等待你的到来！）我们尤其在第一章提及的概念里，谈到了“接受缺失感”。当缺失感出现时，它在我们内心的外围突然发起猛烈进攻，想让我们忘却焦虑。它命令我们打开电视，或一本正经地指挥我们用几次强迫性购物来满足它。有时，后一种情形似乎理所当然，然而细细想来，这款新颖的智能手机真的是必需品吗?

在驯服缺失感或者说逐渐学会驯服缺失感的同时，我们也从这种抑制不住要满足缺失感的需求中解脱出来。解救地球于未来难以计数的垃圾中，这和满足缺失感是一个道理。

最近灵元禅师（Ryumonji寺庙住持）发声了："人类冥想时，他们摇身一变成了天使。这是他们在凡间极尽所能实施的善举……"他言之有理，我们不能比他说得更好了。正因如此，在2015年联合国气候峰会举行的时候，我们参加了"为地球做24小时冥想"的修行。

然而并非只有冥想才能让人重获自由。有时只需简单地计算一下用来购物的时间，为保持时尚而被消耗的能量，以及来自世界另一端这样或那样的蔬菜的碳水化合物含量，光是这些就足以让我们取消消费的想法。从我自己的角度来说，在缓解缺失感的同时，我可以启动几个简单原理来指引自己和消费的关系。

在这部书的末尾，我想和你一起分享这些原理，就像是做一次交流一样。它们只是作为例子列出，我无意引起大家的内疚感，也不想人为地限定规则。每个人都知道选择适合自己的生活方式，无论它们是短期、中期还是长期的。

道德意义上的购物

几年前，我读到了越南禅宗大师释一行的这番话："假如你消费了源自苦难的东西，你就在自己身上播下了苦难的种子。”这番妙言要道时常在我脑海中浮现。2013年，孟加拉国的萨瓦区大楼倒塌，近1200名工人遇难，其中绝大多数为女性，她们在恶劣的环境中为我们生产服装。这是场灾难。世界另一端的女性为我们的美丽付出了生命。这便是相互依存的悲剧性。

从今往后，我都不可能再穿这样制造的服装了！一个年轻女孩子匍匐在缝纫机上，脊背忍受着长年累月的辛劳工作带来的痛苦，这样的画面常常在我脑海中浮现。她没有办法选择，只能去做这样的工作，生活被圈进了服装工厂的高墙里。我们把这种现象称为现代奴隶制。幸好，我们还能行动起来。比如借社会舆论对相关品牌的企业施加压力，同时消费者们也发起了抵制行动，这一切都是为了让企业做出回应。股东将会让出他们红利的0.000001%，而那个女孩儿也会有时间和她的恋人一起去晒晒太阳。

从那时起，我会仔细检查购买商品的产地。我要怎样才能高兴起来呢？比如，某知名巧克力棒实则来自非洲孩子的劳动，我就不说牌子了。但如果这个话题能引起你的关注，就请你上网搜索一下，你会发现很多企业都与此相关。

当然，我们也可以指望世界自行改变，或者富人们能自愿变成不那么富有的人（或者洪水不再淹没良田）。但我总觉得抵制或请愿有时可以促进人们获得这样的意识，用安静平和的思维考虑问题，这对所有人都是大有裨益的，你说呢。

节制的幸福，致敬皮埃尔·瑞比

我们得承认：考虑了道德因素的购物让生活变得更加复杂。开始的时候，我寻找过替代品，比如慈善组织公平贸易的服装、法国制造的产品等。追寻商品的源头是件困难的事情，因为商标上只显示出一部分商品信息，有时甚至为了迷惑消费者，它们只标出生产链的最后环节（请你参看精彩绝伦的合著《标签上的道德》一书）。

所以，另一个解决办法自行出现了：减少购买！或者采用皮埃尔·瑞比所说的“节制的幸福”。我买了很少很少的东西，每天为革命性的不购物而深感庆幸！

然而，冰冻三尺非一日之寒。抵制物质的诱惑需要数年时间。开始的时候，我像很多人一样疯狂消费。当我还是（法律系）大学生的时候，我有幸拿到了奖学金，然后找到了一份保姆的工作。我和同时代的很多人一样带着几许忧郁，游荡于市中心，只为购买服装，享受美食，淘书和买CD，或者获得每一样带给我温情的东西。

这是一种容易实现的解脱方式，但也常常伴随着新的空虚感，尤其是在钱包里空空如也的时候！当时我完全不知道缺失感的深渊是没有尽头的，我也不知道只有改变习惯才能达成和解，才能带来慰藉。现在，我的情绪在被多次观察和接触之后，没有当时那么强烈了。我很少去商店，不喜欢购物，也不认为自己应拥有这样或那样的东西。我情愿去森林里消磨时光，或者和朋友们相聚，而不是去大型超市。

但是还有更好的办法！如果“节制的幸福”符合大众潮流，那么它就为那些身体力行的人提供了持久的幸福。甚而它提供了一种享乐的形式，一种我称之为“抵御诱惑”的坚定不移的快乐。不消费是愉悦身心的，人们脸上浮现微笑，将收获到的种种益处轻轻收藏。

- 不消费为做其他事情赢得的时间：看望朋友，阅读一本好书，唱卡拉OK，雨中吟唱，看河水流淌，等等。
- 节约开支，将钱用在刀刃上。比如非暴力沟通的培训、人道主义项目的支持、织一只温暖的羊毛袜，或者去实践所有对你来说重要的事情（是的，我承认，这也要花钱，但实质已不一样了）。
- 加入“慈善家”的行列！不购物是一种政治行为：我们重新

找回可以改变世界的感觉，成为自己生命的主角，投身于更加美好的未来。在这里，我还要补充的是，不购物的感觉真好！

素食主义，换言之——不食朋友

动物伦理学这一领域的研究可谓突飞猛进，实属万幸！那些与屠宰场相关的日常报道（牲畜无异于人类）让人们诚惶诚恐，报道似乎在告诫人们被过度消费的地球需要保护。这是我喜欢的一个主题。然而，写作这一部分的时候，我久久不能平复心情，因此这对我来说也是最为困难的一部分。一想到动物所承受的痛苦，我就心乱如麻。我的情绪在愤怒（不尽职的劝告者）和绝望（对此毫无用处）之间摇摆。

看着人们即将屠宰动物，我饱受折磨，就像是一个发现原子弹存在的孩子，不停地问：这一切究竟是为了什么？思考棘手问题，心怀怜悯，写作竟然成了最最艰难的事情。我只好去想象那些生命的精彩之处，继而将这个主题进行下去。

某天晚上，应一对夫妻之邀，我去参加晚宴。这对夫妻已“信仰”佛教近30年的时间。他们是那种魅力十足的人，来自巴黎的上层社会，受教育程度很高。在畅饮开胃酒的时候，聊到我是素食主义者这件事时，男子的眼睛湿润了：“啊，我完全理解，我也不能承受动物所受的痛苦!”之后，他们上了整个下午都在烹饪的焦糖烤猪这道菜……

“非人类”动物

我们有时需要关注一下西方历史，以便更好地理解这一切。数个世纪以来，人类需要确定自己优越于其他物种的事实。大量的理论都努力地阐释原因，并将人类放到了创造的中心位置。上帝照自己的模样创造了人类，并赋予他们高级动物的角色和特别之处。这很好。然而，上帝也分配给了人类很多劳作，一些很女性化的工作，比如照顾、关心、维持和谐。人类征服了新世界，但很快有了脆弱感，需要肯定自身的能力以让自己安心。于是他们拿着一副小小的带柄放大镜去解读神谕，他们剽窃了创造生死的权力。当然，后果也可想而知了。

今天，我们因人类的自然进化而改变了看待问题的视角。

变化首先始于术语的使用。我们命名事物的方式暴露了我们和事物的关系。越来越多的研究者、大学教师付诸实践，他们研究物种的最新演变。他们使用了“人类动物”和“非人类动物”的术语来进行区分。但两者都没有逃离“动物”这个大范畴。我在森林中、牧场里度过数小时，与马儿、猫咪、鸟儿、各种昆虫共度时光。

新的分类方法让人振奋！人类，或者准确地说，人类动物发生了变化。你不妨想象一下：如果人类是动物，他们就可以宣称自己获得了认可，他们就看见了自己的感官（听觉、视觉、触觉，等等）正被颂扬。他们像动物一样，渐渐发现机会和奇迹一直停留在体内而非头脑中。他们像动物一样，敏感于当下和本能，而且从今往后受到固若金汤的集体道德观念庇护。

但一个至关重要的问题也出现了：用什么来证明他们不是在食用同类呢？或者不如这样提问：吞下牛排，享受了5分钟的快乐后，又如何解释之前非人类动物承受的可怕痛苦呢？

印第安人，或者佛祖的智慧

我们再次走近印第安人，走近这些亲近自然的人，我们应该回过头来学习如何和地球正确相处。砍下一棵树前，印第安人会集中部族人为树木举行最后的仪式。他们感谢生灵赋予了树木生命，他们用歌声对生灵讲述突发事故，并庆幸它的存在和它为人们带来的福利。

这种对生命的认可是极高意识形态的表现，既体现了人类的高度进化，也承认了生物之间相互依存的原则，而正是这种原则支配着世界的运行。

在世界的另一头——印度，佛祖以前生活的地方，人们口口相传的故事也很有价值。我们将这些故事称为“本生”。这是一些富有隐喻的故事，貌似平常，实乃绝妙。据说，佛祖曾经将自己的大腿肉施予一只奄奄一息的母老虎，让它能积蓄能量来养育小老虎。

此时，我们完全隔绝了那些在北美捕杀老虎的猎人，尽管他们还在脸书上放了扛着战利品和口径粗大的猎枪的照片！

戒除，选择非暴力

选择做素食主义者或者纯素食主义者，类似于选择非暴力，即不害。在甘地眼中，这种行为难能可贵。倡导无暴力消费并鼓励放弃违背无暴力原则的贸易，诸多好处开始显露。这种沉默的行动具有不被怀疑的优点，而其目的本来也是为我们的日常生活提供或强化舒适感。

让细胞轻盈

我们的小奶牛玛格丽特走出屠宰场，在等待、无休无止的运输、痛苦、寒冷、口渴、拳打脚踢等漫长的恶性循环后，最终变成了一具被剔去骨头的尸体，被分割成了若干块肉。每一块牛肉将会到达我们的盘子里，痛苦弥漫其间。科学研究表明，动物在被屠宰的时候，会产生大量的压力分泌物和其他激素。被贩卖的肉中有哺乳动物的，也有鱼类的，它们被压力填充，各种激素也残留其中。在摄取肉类的时候，我们也吞下了含有激素的这一部分。一顿饭后，人们会感觉油腻、不适，甚至是焦虑，这样的情况并不罕见。

但如果你首选的食物是植物蛋白质、豆类或豆腐，你不仅会享受到探寻新口味、新烹饪秘方的乐趣，也会让全身的细胞感受到轻盈！蔬菜拥有最促进食欲的缤纷色彩，而且没有损害健康的风险。吃素10余年，做了3年的纯素食主义者，除了冬季在阿尔萨斯，和我的大部分同龄人一样缺乏维生素D，我没有出现过任何营养缺乏的状况。还有，我的胃偶尔会反酸，这主要是因为我对咖啡上瘾。（对此，我供认不讳！）

保持平和，感受联结：“身旁之物的致敬！”

自从做了素食主义者，我感受到了平和，好像做了自己该做的事情。当然，我不得不放弃众人皆知的干酪土豆，这曾经是我每年冬季都要食用的餐食。然而，从充盈全身的舒适感来说，这种牺牲微不足道。你知道，这样的情绪、这样的幸福生活完全符合它的价值所在。

我经常和进行催眠疗愈的患者讨论价值观的问题。我们想要改变生活、行为，甚至是习惯，就需要知道对我们来说最重要的事情是什么：如果没有经历过这一切，生活注定是失败的。对一些人来说，也许最重要的事情是拥有自由、安全的感觉，帮助别人，旅行，成家，在某一体育项目上夺冠等。当他们完成了这些事情，或者生活正往这个方向行驶的时候，内心的平静就出现了，它如此自然，仿若是身旁之物的致敬！

从我的角度来说，与自然和谐共处是我的主要价值观之一。比如精彩的一天是我可以听见鸟儿鸣叫，可以观看日出（最近我在巴黎看过，壮观极了！）的一天。在我的内心从未想过早起会和动物承受的痛苦有关。我去邻近的牧场问候四只脚的冰岛朋友们，它们信任地待在我身边，快乐地喷着鼻息。它们可能感觉到我已然失去了食肉动物所具有的捕食性。

当然，我没有科学研究来证实这些陈述，但是我一直认可的生活模式的确引起了我内心程序的深层变化。不那么好强，少一些压力和紧张……观察身边的精彩万物，内心更多的是松弛、欢快和愉悦！

我朝森林和水边轻轻俯身，
我是一个幻想者，也是花儿和鸟儿的爷爷；
我敬畏万物，心怀慈悲；
我阻止孩子们虐待玫瑰；
我说："不要吓唬植物和动物，
笑勿吓人，玩勿伤人。"
让娜和乔治，前额干净，
让人垂涎欲滴的黑刺李，
在生机勃勃的鲜花中闪闪发光；
我在天堂游荡，却不将它惊扰；
我听见他们的歌声，想入非非，
并告诉自己：
他们无意在自己心醉神迷的喧闹声中逗留。

悄然翻开书页，
命运已然写进高深莫测的书里，
他们远离神父，却靠近上帝。

——维克多·雨果《在田里》（《竖琴集》）

知之更多

资料来源和“小魔术”

第一章　静音之效

- 承认自己“与生俱来”的样子，并且与自己的不完美和解，请参阅佩玛·丘卓的《和自己做朋友》一书（Pocket，2000）。
- 观察单纯又深沉的生活精彩之处：请参看阿南达玛依·玛的视频，尤其推荐阿尔诺·德贾汀拍摄于20世纪60年代的电影《道场》。
- 几年前我深感快乐地阅读过马克·德·史密得的《静默颂》一书（Albin Michel，1989）。

第二章 伟大的沉默者

关于动物

- 可以从一本动物生态学或见证文学的书籍开始，《卡马拉，一头居家母狼》，作者皮埃尔·儒文丹（Flammarion，2011）。
- 莱拉·德尔·蒙特与动物直接交流的工作网站：www.lailadelmonte.fr。
- 一位观点新颖的英国科学家，《自然之魂》（Albin Michel，2001）一书里的鲁伯特·谢尔瑞克，及其形态场域论。

关于避静修行

随着冥想修行的日益流行，可修行的地方比比皆是。但我要请你慎重选择，去那种能让你改变观念的地方。佛教寺院会很欢迎俗家弟子和其他宗教修行者的到访。如果寺院里正在举行仪式，你可以将其视为观察当下与寻求和谐的简单练习。你要和修行导师确认避静场所，以下是各个修行之地的网址，供你参考：www.bouhhisme-info.fr，www.zen-azi.org（让德罗尼尔的禅寺，靠近布卢瓦的神奇之地，地处辽阔的森林腹地。对于修行的入门者而言，可在此进行多次避静修行），www.meditation-zen.org（我在这座寺院里修行了15年有余，在里面度过了很多时日，寺庙住持为奥利维尔赖艮旺仁）。

第三章 视觉静音

- 关于注意力的集中及其神经学的起源，推荐一本寓教于乐的书籍《注意力的小气泡》，作者让-菲利普·拉夏（Odile Jacob，2016）。
- 缓解眼睛疲劳之法：站在白色墙壁前，放空自己，无所事事几分钟。
- 寺院住持青山大师，令人敬仰，堪称修行者典范。《佛教信徒的智慧》这一专栏曾对其做过两次报道（法国2台），在网站上可以找到。
- 关于思维内容和意识的体验，推荐我的朋友弗雷德里克·文森特的总结之作《零点思维》（Dangles，2014）。

第四章　言语静音

- 爱德华·霍尔的《隐藏的维度》（Odile Jacob，1991）。
- 奥尔德斯·赫胥黎的《知觉之门》（10/18，2001）。
- 关于神经语言规划和催眠的研究，请查阅在欧洲众多城市里的方舟研究院的资料。我在那里获得了催眠疗愈师的认证，并且对院长凯文·菲诺严格要求的职业精神印象深刻。
- 王者之道：禅宗里的冥想之路。请你参阅网址www.zen-azi.org里对欧洲各大中型城市提供的冥想修行地点的介绍。
- 完成一次全然静音的避静修行：参看观协会的避静修行（根据Goenka大师的工作安排）或者参看网址www.meditation-zen.org。

第五章　身体静音

- 关于身体对思维的影响，请观看艾米·卡迪在TED上的视频www.ted.org（《肢体语言塑造你自己》）。很有意思、充满智慧的发言，被译成多种语言。
- 费登奎斯法，提议你通过细小的动作发现并住进自己的身体里。
- 关于里千家的茶道：网上流传各种视频。我的建议是观看它们但务必关闭声音。
- 诚心诚意地切菜，一定要使用原生态蔬菜，这样才能做到完美。你了解AMAP（支持农民的农业协会）吗?

第六章　居家的静音疗愈

- 米哈里 · 契克森米哈赖的《生活——幸福心理学》一书（Pocket，2006）。
- 青山大师的《禅意与生活》（AlbinMichel，2015）。
- 印度使用草药的避静修行：排毒疗养，在电影《我的印度医生》中有所提及。
- 观察：我的朋友、天才摄影师马努拉 · 鲍美的照片。登录mbohene.tumblr.com。

第七章 行为静音

- 神奇的Colibris的运动，由不那么传奇的皮埃尔·瑞比发起：www.colibris-lemouvement.org。
- 标签道德学组织，为产品出处的明确信息而积极行动：http://ethique-sur-etiquette.org/
- 科瑞娜·裴路什的主要著作《动物主义者的宣言》（Alma Edition，2015）。
- 法国L214协会或“一个声音”协会的行为。
- 佛学大师马修·瑞卡德的《为动物辩护》一书，书中文字充满慈悲，却不会让人产生内疚感，堪称充满智慧的经典之作！
- 让·季奥诺的《种树的男人》一书（Gallimard，1996）。